Olaniran Olagoke

Perfil de resistência aos antibióticos dos isolados bacterianos

Olaniran Olagoke

Perfil de resistência aos antibióticos dos isolados bacterianos

ScienciaScripts

Imprint
Any brand names and product names mentioned in this book are subject to trademark, brand or patent protection and are trademarks or registered trademarks of their respective holders. The use of brand names, product names, common names, trade names, product descriptions etc. even without a particular marking in this work is in no way to be construed to mean that such names may be regarded as unrestricted in respect of trademark and brand protection legislation and could thus be used by anyone.

Cover image: www.ingimage.com

This book is a translation from the original published under ISBN 978-620-2-07058-4.

Publisher:
Sciencia Scripts
is a trademark of
Dodo Books Indian Ocean Ltd. and OmniScriptum S.R.L publishing group

120 High Road, East Finchley, London, N2 9ED, United Kingdom
Str. Armeneasca 28/1, office 1, Chisinau MD-2012, Republic of Moldova, Europe
Printed at: see last page
ISBN: 978-620-3-13684-5

Índice

RESUMO

Este estudo avaliou o padrão de resistência aos antibióticos de alguns isolados bacterianos cultivados a partir de amostras de urina de mulheres grávidas seropositivas para o VIH que frequentaram a clínica pré-natal do Ondo State Specialist hospital, Akure. O estudo determinou os valores da concentração inibitória mínima (CIM) e da concentração bactericida mínima (CBM) de alguns antibióticos utilizados contra estes isolados bacterianos. O estudo também determinou alguns factores de virulência elaborados por estes isolados bacterianos e também o perfil plasmídico destes isolados bacterianos. Isto foi feito com o objetivo de determinar o perfil de resistência aos antibióticos de isolados bacterianos cultivados a partir de amostras de urina de mulheres grávidas seropositivas para o VIH.

A determinação da Concentração Inibitória Mínima (CIM) do representante de cada classe de antibiótico foi efectuada utilizando o método de diluição em tubo e a Concentração Bactericida Mínima (CBM) de cada antibiótico foi também determinada através da subcultura dos tubos de ensaio com os quais não houve crescimento. Além disso, a determinação da produção de enzimas extracelulares pelos isolados foi efectuada utilizando o método padrão e o rastreio da Beta Lactamase de Espectro Alargado (ESBL) foi efectuado pelo método de aproximação do disco. A análise dos plasmídeos dos isolados bacterianos também foi efectuada pelo método alcalino.

Os resultados mostraram que os valores de CIM e CBM obtidos para a augmentina foram os mais elevados em *Staphylococcus* aureus (22,8 mg/mL) e os mais baixos contra *Escherichia coli* (1,43/2,85 mg/mL). Os valores de CIM e CBM de todos os antibióticos utilizados contra isolados de *S. aureus* variaram entre 0,004/0,008 mg/mL e 22,8 mg/mL. Os valores de CIM e CBM de todos os antibióticos testados contra isolados *de E. coli* variaram entre 0,008/0,016 e 11,4/12,5 mg/mL, enquanto os valores de CIM e CBM de todos os antibióticos testados contra *Pseudomonas* spp variaram entre 0,391/0,781 mg/mL e 11,4/12,5 mg/mL. Entre todos os antibióticos utilizados, observou-se que a ciprofloxacina foi mais eficaz contra os isolados bacterianos testados. As enzimas extracelulares, como a lipase, a protease e a DNase, foram detectadas nos três géneros bacterianos utilizados. A ESBL foi encontrada em *S. aureus* e *E.* coli, enquanto o gene de resistência (plasmídeo) foi detectado em isolados de *E. coli* e *Pseudomonas aeruginosa* utilizados.

O estudo concluiu que a maioria dos isolados bacterianos cultivados a partir de amostras de urina de mulheres grávidas seropositivas para o VIH na área de estudo eram multirresistentes a diferentes antibióticos testados *in vitro*. No entanto, a maioria dos isolados era sensível à ciprofloxacina.

CAPÍTULO 1

1.1 INTRODUÇÃO

A resistência antimicrobiana (RAM) é uma crise global de saúde pública, com uma associação óbvia entre a infeção e o aumento da morbilidade e da mortalidade (Cosgrove e Carmeli, 2003). A resistência é referida quando um organismo anteriormente ou originalmente sensível a um antibiótico se torna subitamente resistente à mesma dose e ao mesmo tipo de antibiótico (OMS, 2013).

Os organismos resistentes (bactérias, fungos, vírus e alguns parasitas) são capazes de resistir ao ataque de agentes antimicrobianos, como antibióticos, antifúngicos, antivirais e antimaláricos, de modo que os tratamentos padrão se tornam ineficazes e as infecções persistem, aumentando o risco de propagação a outras pessoas (OMS, 2013).

Ao longo da história, tem havido uma batalha contínua entre os seres humanos e a multiplicidade de microrganismos que causam infecções e doenças, como a peste bubónica, a tuberculose, a malária e, mais recentemente, o vírus da imunodeficiência humana ou a pandemia da síndrome da imunodeficiência adquirida, que afectaram porções substanciais da população humana, causando morbilidade e mortalidade significativas (Krause, 1992). A partir de meados do século XX, grandes avanços no desenvolvimento de medicamentos antibacterianos e outros meios de controlo de infecções ajudaram a virar a maré a favor dos seres humanos em termos de infecções bacterianas e a situação melhorou drasticamente quando a penicilina ficou disponível para utilização no início da década de 1940.

No entanto, a euforia com a potencial conquista das doenças infecciosas foi de curta duração, mas incrivelmente as bactérias responderam manifestando várias formas de resistência contra os medicamentos antibacterianos, o que, por sua vez, levou ao aumento da utilização de antimicrobianos, bem como ao aumento do nível e da complexidade dos mecanismos de resistência exibidos pelos agentes patogénicos bacterianos (Krause, 1992).

A resistência aos antibióticos ocorre quando as bactérias se alteram de uma forma que reduz ou elimina a eficácia dos medicamentos, produtos químicos ou outros agentes destinados a curar ou prevenir a infeção, pelo que as bactérias sobrevivem e continuam a multiplicar-se, causando mais danos (Bari *et al.*, 2008). É geralmente considerada uma consequência da utilização generalizada e incorrecta de antibióticos (Cosgrove e Carmeli, 2003).

Para agravar o problema da crescente resistência bacteriana aos antibióticos atualmente aprovados, há uma falta de investimento na descoberta de antibióticos por parte da indústria farmacêutica, devido à inerente baixa taxa de retorno dos antibióticos em comparação com os medicamentos destinados a doenças crónicas (Spellberg et al., 2007). Esta situação é tão grave que a Organização Mundial de Saúde identificou as bactérias multirresistentes como uma das três principais ameaças à saúde humana e a Infectious Disease Society of America lançou um apelo à ação da comunidade biomédica para fazer face à ameaça das bactérias multirresistentes (Bassetti *et al.*, 2011; Spellberg *et al.*, 2008).

O desenvolvimento de novos antibióticos é uma abordagem para o tratamento de infecções bacterianas multirresistentes, mas o facto é que apenas duas novas classes de antibióticos foram introduzidas na clínica nas últimas duas décadas; nenhuma delas é significativamente ativa contra bactérias Gram-negativas (Conly e Johnston, 2005).

Além disso, as bactérias desenvolvem invariavelmente resistência a qualquer terapia introduzida que se baseie exclusivamente num mecanismo bacteriostático ou bactericida e uma resistência clinicamente significativa pode aparecer num período de apenas meses a anos após a introdução de um novo antibiótico na clínica (Walsh, 2000; Dolgin, 2010). Os fármacos bacteriostáticos requerem a ajuda das defesas do hospedeiro para limpar os tecidos do microrganismo infetante; se as defesas do hospedeiro forem sistemicamente inadequadas (por exemplo, agranulocitose) ou se as defesas do hospedeiro forem prejudicadas localmente no local da infeção (por exemplo se as defesas do hospedeiro estiverem comprometidas localmente no local da infeção (por exemplo, a vegetação cardíaca na endocardite do lado esquerdo e o líquido cefalorraquidiano na meningite), o agente patogénico residual retoma o seu crescimento após a interrupção do medicamento bacteriostático e a infeção recidiva, o que exige agora a utilização de medicamentos bactericidas (Levison, 2004).

Nos países em desenvolvimento, como a Nigéria, a resistência aos antibióticos pode causar um fenómeno de saúde pública associado a infecções que podem levar à morbilidade e à mortalidade em doentes imunocomprometidos, sobretudo em mulheres grávidas seropositivas para o VIH, uma vez que a gravidez é também um fator de predisposição para um estado imunitário comprometido. Além disso, existe pouca informação sobre o perfil de resistência aos antibióticos de bactérias significativas associadas a mulheres grávidas seropositivas para o VIH, pelo que este estudo pretende caraterizar e determinar o perfil de resistência aos antibióticos de isolados bacterianos cultivados a partir da urina desses indivíduos.

1.2 Objectivos específicos da investigação:

Os objectivos específicos da investigação são os seguintes

a) avaliar a resistência aos antibióticos de isolados bacterianos cultivados em mulheres grávidas seropositivas para o VIH;

b) determinar os valores da concentração inibitória mínima (CIM) e da concentração bactericida mínima (CBM) de alguns antibióticos utilizados contra estes isolados;

c) determinar o perfil plasmídico de alguns dos isolados bacterianos selecionados; e

d) determinar alguns factores de virulência elaborados por estes isolados bacterianos.

CAPÍTULO 2

2.1   REVISÃO DA LITERATURA

2.2   Antibióticos

Os antibióticos são fármacos utilizados no tratamento ou na prevenção de infecções bacterianas. São também substâncias naturais produzidas por microrganismos, ao contrário dos antibióticos semi-sintéticos ou sintéticos, que são substâncias naturais, modificadas artificialmente ou totalmente criadas pelo homem, respetivamente (Byarugaba, 2005). Os antibióticos actuam seletivamente sobre as funções vitais das bactérias com efeitos mínimos ou sem afetar as funções do hospedeiro e também diferentes antibióticos actuam de formas diferentes (Sosa, 2009). Os agentes antimicrobianos bacteriostáticos apenas inibem o crescimento ou a multiplicação das bactérias, dando tempo ao sistema imunitário do hospedeiro para as eliminar do sistema (Byarugaba, 2005). Os agentes bactericidas matam as bactérias e, por conseguinte, com ou sem um sistema imunitário competente do hospedeiro, as bactérias estarão mortas (Sosa, 2009). No entanto, o mecanismo de ação dos agentes antimicrobianos pode ainda ser classificado com base na estrutura da bactéria ou na função que é afetada pelos agentes (Byarugaba, 2004). Existem diferentes classes de antibióticos com diferentes mecanismos de ação, que são apresentados no quadro seguinte;

Quadro 2.1 Classes de antibióticos e suas propriedades

Chemical Class	Types	Biological Source	Spectrum of activity	Mechanism and Mode of Action
Beta-lactams (Penicillin's and Cephalosporin's)	Penicillin G, Cephalothin	*Penicilliumnotatum and Cephalosporium Species*	Gram-positive bacteria	Inhibits steps in cell wall (peptidoglycan) synthesis and murein assembly
Semisynthetic beta-lactams	Ampicillin, Amoxicillin		Gram-positive and Gram-negative bacteria	Inhibits steps in cell wall (peptidoglycan) synthesis and murein assembly
Clavulanic Acid	Augmentin is clavulanic acid plus Amoxicillin	*Streptomyces clavuligerus*	Gram-positive and Gram-negative bacteria	Inhibitor of bacterial beta-lactamases
Monobactams	Aztreonam	*Chromobacteriumviolaceum*	Gram-positive and Gram-negative bacteria	Inhibits steps in cell wall (peptidoglycan) synthesis and murein assembly
Carboxype	Imipenem	*Streptomyces cattleya*	Gram-	Inhibits

			positive and Gram-negative bacteria	steps in cell wall (peptidoglycan) synthesis and murein assembly
nems			positive and Gram-negative bacteria	steps in cell wall (peptidoglycan) synthesis and murein assembly
Aminoglycosides	**Streptomycin**	*Streptomyces griseus*	**Gram-positive and Gram-negative bacteria**	Inhibits translation (protein synthesis)
	Gentamicin	*Micromonospora* species	**Gram-positive and Gram-negative bacteria esp.** *Pseudomonas*	Inhibits translation (protein synthesis)
Glycopeptides	**Vancomycin**	*Amycolatopsisorientalis* (formerly designated *Nocardiaorientalis*)	**Gram-positive bacteria, esp.** *Staphylococcus aureus*	Inhibits steps in murein (peptidoglycan) biosynthesis and assembly
Lincomycins	**Clindamycin**	*Streptomyces lincolnensis*	**Gram-positive and Gram-negative bacteria esp. anaerobic** *Bacteroides*	Inhibits translation (protein synthesis)

Macrolides	Erythromycin, Azithromycin	*Streptomyces erythreus*	Gram-positive bacteria, Gram-negative bacteria not enterics, *Neisseria, Legionella, Mycoplasma*	Inhibit translation (protein synthesis)
Polypeptides	Polymyxin	*Bacillus polymyxa*	Gram-negative bacteria	Damages cytoplasmic membranes
	Bacitracin	*Bacillus subtilis*	Gram-positive bacteria	Inhibits steps in murein (peptidoglycan) biosynthesis and assembly
Polyenes	Amphotericin	*Streptomyces nodosus*	Fungi (*Histoplasma*)	Inactivate membranes containing sterols
	Nystatin	*Streptomyces noursei*	Fungi (*Candida*)	Inactivate membranes containing sterols

Rifamycins	Rifampicin	*Streptomyces mediterranei*	Gram-positive and Gram-negative bacteria, *Mycobacterium tuberculosis*	Inhibits transcription (bacterial RNA polymerase)
Tetracyclines	Tetracycline	*Streptomyces* species	Gram-positive and Gram-negative bacteria, *Rickettsias*	Inhibit translation (protein synthesis)
Semisynthetic tetracycline	Doxycycline		Gram-positive and Gram-negative bacteria, *Rickettsias, Ehrlichia, Borrelia*	Inhibit translation (protein synthesis)
Chloramphenicol	Chloramphenicoll	*Streptomyces venezuelae*	Gram-positive and Gram-negative bacteria	Inhibits translation (protein synthesis)
Quinolones	Nalidixic acid	Synthetic	Mainly Gram-negative bacteria	Inhibits DNA replication
Fluoroquinolones	Ciprofloxacin	Synthetic	Gram-negative and some	Inhibits DNA replication

			Gram-positive bacteria (*Bacillus anthracis*)	
Growth factor Analogs	Sulfanilam ide, Gantrisin, Trimethopr im	Synthetic	Gram-positive and Gram-negative bacteria	Inhibits folic acid metabolis m (anti-folate)
	Isoniazid (INH)	Synthetic	*Mycobacte rium tuberculos is*	Inhibits mycolic acid synthesis; analog of pyridoxine (Vit B6)
	PAS	Synthetic	*Mycobacte rium tuberculos is*	Anti-folate

(Forbes *et al.*, 1998; Giguere*et al.*, 2006).

2.3 Resistência

Roger *et al.* (2003) definiram a resistência como uma bactéria que não é inibida por uma concentração sistémica normalmente alcançável de um agente com um esquema de dosagem normal e ou que se situa nos intervalos de concentração inibitória mínima.

2.4 Diferentes mecanismos de resistência

2.4.1 Resistência intrínseca

As bactérias podem ser inerentemente resistentes a um antimicrobiano em resultado do seu mecanismo intrínseco de resistência, também conhecido como resistência passiva, e este tipo de resistência é uma consequência de processos adaptativos gerais que não estão necessariamente ligados a uma determinada classe de antimicrobianos (Yoneyama e Katsumata, 2006). Um exemplo de resistência natural é a *Pseudomonas aeruginosa,* cuja baixa permeabilidade da membrana é provavelmente uma das principais razões para a sua resistência inata a muitos antimicrobianos (Yoneyama e Katsumata, 2006). Outros exemplos são a presença de genes que conferem resistência a antibióticos autoproduzidos, a membrana externa de bactérias Gram-negativas, a ausência de um sistema de transporte de absorção para o antimicrobiano ou a ausência geral do alvo ou da reação atingida pelo antimicrobiano (Wright, 2005).

2.4.2 Resistência adquirida

A resistência adquirida, também conhecida como resistência ativa, é o resultado de uma pressão evolutiva específica para desenvolver um mecanismo de reação contra um antimicrobiano ou uma classe de antimicrobianos, de modo a que as populações bacterianas anteriormente sensíveis aos antimicrobianos se tornem resistentes. (Wright, 2005). Além disso, a resistência das bactérias pode ser adquirida por uma mutação e transmitida verticalmente por seleção às células filhas, bem como adquirida por transferência horizontal de genes de resistência entre estirpes e espécies, que são mais comuns em bactérias resistentes (Rachakonda e Cartee, 2004).

Tabela 2.2 Resistência intrínseca e seus respectivos mecanismos

ORGANISMS	NATURAL RESISTANCE AGAINST:	MECHANISM
Anaerobic bacteria	Aminoglycosides	Lack of oxidative metabolism to drive uptake of aminoglycosides
Aerobic bacteria	Metronidazole	Inability to anaerobically reduce drug to its active form
Gram-positive bacteria	Aztreonam (a beta-lactam)	Lack of penicillin binding proteins (PBPs) that bind and are inhibited by this beta lactam antibiotic
Gram-negative bacteria	Vancomycin	Lack of uptake resulting from inability of vancomycin to penetrate outer membrane
Klebsiella spp.	Ampicillin (a beta-lactam)	Production of enzymes (beta-lactamases) that destroy ampicillin before the drug can reach the PBP targets
Lactobacilli and Leuconostoc	Vancomycin	Lack of appropriate cell wall precursor target to allow vancomycin to bind and inhibit cell wall synthesis
Pseudomonas aeruginosa	Sulfonamides, trimethoprim, tetracycline, or chloramphenicol	Lack of uptake resulting from inability of antibiotics to achieve effective intracellular

		concentrations
Enterococci	Aminoglycosides	Lack of sufficient oxidative metabolism to drive uptake of aminoglycosides
	All cephalosporins	Lack of PBPs that effectively bind and are inhibited by these beta lactam antibiotics

(Forbes *et al.*, 1998; Giguere, 2006)

Table 2.3 Acquired Resistances through Mutation and Horizontal Gene Transfer

ACQUIRED RESISTANCE THROUGH:	RESISTANCE OBSERVED	MECHANISM INVOLVED
Mutations	*Mycobacterium tuberculosis* resistance to rifamycins	Point mutations in the rifampin-binding region of rpoB
	Resistance of many clinical isolates to fluoroquinolones	Predominantly mutation of the quinolone-resistance-determining-regiont (QRDR) of GyrA and ParC/GrlA
	E.coli, Hemophilusinfluenzae resistance to trimethoprim	Mutations in the chromosomal gene specifying dihydrofolatereductase
Horizontal gene transfer	*Staphylococcus aureus* resistance to methicillin	Via acquisition of mecA genes which is on

(MRSA)	a mobile genetic element called "staphylococcal cassette chromosome" (SCCmec) which codes for penicillin binding proteins (PBPs) that are not sensitive to ß-lactam inhibition
Resistance of many pathogenic bacteria against sulfonamides	Mediated by the horizontal transfer of foreign folP genes or parts of it
Enterococcus faecium and *E. faecalis* resistance to vancomycin	Via acquisition of one of two related gene clusters VanA and Van B, which code for enzymes that modify peptidoglycan precursor, reducing affinity to vancomycin.

(Forbes *et al.*, 1998; Giguere, 2006).

2.5 Resistência aos antibióticos

A resistência aos antibióticos é uma forma de resistência aos medicamentos em que algumas (ou, menos frequentemente, todas) subpopulações de microrganismos, geralmente espécies de bactérias, são capazes de sobreviver após a exposição a um ou mais antibióticos e os agentes patogénicos resistentes a múltiplos antibióticos são considerados multirresistentes (MDR) ou, mais coloquialmente, superbactérias (CDC, 2013).A evolução de estirpes resistentes é um fenómeno natural que ocorre quando os microrganismos são expostos a medicamentos antimicrobianos e os traços de resistência podem ser trocados entre certos tipos de bactérias, bem como a utilização indevida de medicamentos antimicrobianos, que acelera este fenómeno natural, e as más práticas de controlo das infecções, que incentivam a propagação da resistência antimicrobiana (OMS, 2013).

A resistência a múltiplas classes de fármacos é a resistência a mais de duas classes de fármacos (Roger et *al.*, 2003). A resistência a múltiplas classes de antimicrobianos tem aumentado de forma constante desde que o *Staphylococcus aureus* resistente à meticilina (MRSA) foi isolado pela primeira vez em 1961, enquanto o aparecimento de MRSA associado à comunidade (CA-MRSA) aumentou ainda mais o fardo global da doença *provocada por S. aureus* (Chambers e Deleo, 2009).

Ao longo dos anos, a pressão selectiva contínua exercida por diferentes fármacos deu origem a organismos portadores de outros tipos de mecanismos de resistência que conduziram à multirresistência (MDR), a novas proteínas de ligação à penicilina (PBPs) e a mecanismos enzimáticos de modificação de fármacos, a alvos de fármacos mutantes, a uma maior expressão da bomba de efluxo e a uma permeabilidade alterada da membrana, *Acinetobacter baumannii, Escherichia coli e Klebsiella pneumoniae* portadoras de ^-lactamases de espetro alargado (ESBL), enterococos resistentes à vancomicina (VRE), *Staphylococcus aureus* resistente à meticilina (MRSA), MRSA resistente à vancomicina e Mycobacterium tuberculosis extensivamente resistente aos medicamentos (XDR) (Alekshun e Levy, 2007).

2.5 Causas da resistência aos antibióticos

Em 1945, na sua conferência Nobel, Alexander Fleming advertiu contra a utilização de doses subterapêuticas de antibióticos "comprados por qualquer pessoa nas lojas" sem receita médica: "Pode chegar o momento em que a penicilina possa ser comprada por qualquer pessoa nas lojas. Depois, há o perigo de o homem ignorante poder facilmente subdosear-se e, ao expor os seus micróbios a quantidades não letais do medicamento, torná-los resistentes, (en.wikipedia.org).

Na prática clínica, o principal problema do aparecimento de bactérias resistentes deve-se à utilização incorrecta e excessiva de antibióticos (OMS, 2002). Embora houvesse baixos níveis de bactérias resistentes a antibióticos pré-existentes antes da utilização generalizada de antibióticos (Nelson, 2009; Caldwell e David, 2011), a pressão evolutiva decorrente da sua utilização desempenhou um papel no desenvolvimento de variedades multirresistentes e na propagação da resistência entre espécies bacterianas (Hawkey e Jones, 2009). Em alguns países, os antibióticos são vendidos sem receita médica, o que levou à criação de estirpes resistentes (Ferber, 2002). Outra prática que contribui para a resistência é a utilização de antibióticos na alimentação do gado (Mathew *et al.*, 2007).

2.6 Ocorrência natural

Há provas de que a resistência aos antibióticos que ocorre naturalmente é comum e os genes que conferem essa resistência são conhecidos como resistoma ambiental (Wright, 2010). Estes genes podem ser transferidos de bactérias não causadoras de doença para as que causam doença, conduzindo a uma resistência aos antibióticos clinicamente significativa (Wright, 2010).

Em 1952, uma experiência realizada por Joshua e Esther Lederberg demonstrou que as bactérias resistentes à penicilina existiam antes do tratamento com penicilina (Caldwell *et al.*, 2011). Durante a realização de experiências na Universidade de Wisconsin-Madison, Joshua Lederberg e o seu aluno de pós-graduação Norton Zinder também demonstraram a pré-existência de resistência bacteriana à estreptomicina (Richad e Darwin, 2009). Em 1962, a presença de penicilinase foi detectada em *endosporos* dormentes *de Bacillus licheniformis,* revividos a partir de solo seco nas raízes das plantas, preservados desde 1689 no Museu Britânico (Wayne, 1970). Seis estirpes de Clostridium, encontradas nas entranhas de William Braine e John Hartnell (membros da Expedição Franklin), mostraram resistência à cefoxitina e à clindamicina e foi sugerido que a penicilinase pode ter surgido como um mecanismo de defesa para as bactérias nos seus habitats, como no caso do *Staphylococcus aureus* rico em penicilinase, que vive com Trichophyton produtor de penicilina, mas isto foi considerado circunstancial (Abigail e Dixie, 2005). A resistência à cefoxitina e à clindamicina, por sua vez, foi atribuída ao contacto de Braine e Hartnell com microrganismos que as produzem naturalmente ou a mutações aleatórias nos cromossomas de estirpes de Clostridium (Abigail e Dixie, 2005).

2.8 Fontes de resistência aos antibióticos

Um terço das pessoas acredita que os antibióticos são eficazes para a constipação comum e a constipação comum é a razão mais comum pela qual os antibióticos são prescritos, apesar de os antibióticos serem completamente inúteis contra os vírus (McNulty *et al.,* 2007; Ronald e Weber, 2009). O número de pessoas a quem são prescritos antibióticos de forma inadequada é um fator mais importante nas taxas crescentes de resistência bacteriana do que o não cumprimento do protocolo antibiótico entre os medicamentos prescritos (Pechere, 2001).

Foi demonstrado que a resistência aos antibióticos aumenta com a duração do tratamento, pelo que, desde que seja observado um limite inferior clinicamente eficaz (que depende do organismo e do antibiótico em questão), é provável que a utilização pela comunidade médica de cursos mais curtos de antibióticos diminua as taxas de resistência, reduza os custos e tenha melhores resultados devido a menos complicações, como a infeção por C. *difficile* e a diarreia (Li et al., 2007; Gleisner et al., 2004; Perez-Gorricho e Ripoll, 2003). Em algumas situações, um ciclo curto é inferior a um ciclo longo (Keren e Chan, 2002). Um estudo concluiu que, com um antibiótico, um ciclo curto era mais eficaz, mas com um antibiótico diferente, um ciclo mais longo era mais eficaz (Casey e Pichichero, 2005). Muitas vezes, os antibióticos podem ser interrompidos com segurança 72 horas após a resolução dos sintomas (McCormack e Allan, 2012). No entanto, algumas infecções requerem tratamentos muito depois de os sintomas terem desaparecido e, em todos os casos, um curso insuficiente de antibióticos pode levar a uma recaída (McCormack e Allan, 2012). Os médicos devem fornecer instruções aos doentes para que saibam quando é seguro parar de tomar uma receita, uma vez que os doentes podem sentir-se melhor antes de a infeção ser erradicada, razão pela qual alguns investigadores defendem que os médicos devem utilizar um curso muito curto de antibióticos, reavaliar o doente após alguns dias e interromper o tratamento se já não houver sinais clínicos de infeção (Marc e Eijkman-winkier, 2013).

Um grande número de pessoas não termina um ciclo de antibióticos principalmente porque se sente melhor, o que varia entre 10% e 44%, consoante o país (Pechere *et al.*, 2007). Os doentes que tomam menos do que a dose necessária ou que não tomam as suas doses dentro do tempo prescrito resultam numa diminuição da concentração de antibióticos na corrente sanguínea e nos tecidos e, por sua vez, a exposição de bactérias a concentrações de antibióticos abaixo do ideal aumenta a frequência de organismos resistentes aos antibióticos (Thomas et al., 1998).

A má higiene das mãos por parte do pessoal hospitalar tem sido associada à propagação de organismos resistentes e um aumento da adesão à lavagem das mãos resulta numa diminuição das taxas destes organismos (Girou, et al., 2006; Swoboda et al., 2004). O uso indevido de antibióticos e tratamentos terapêuticos pode muitas vezes ser atribuído à presença de violência estrutural em determinadas regiões, bem como a factores socioeconómicos, como a raça e a pobreza, que determinam a acessibilidade, a adesão à terapêutica medicamentosa e a eficácia dos programas de tratamento destas estirpes resistentes aos medicamentos. Isto também depende do facto de as melhorias programáticas terem ou não em conta os efeitos da violência estrutural (Farmer *et al.*, 2006).

2.8 Papel dos outros animais

Os fármacos são utilizados em animais e estes animais são utilizados como alimento humano, tais como bovinos, suínos, galinhas e peixes. Estes fármacos não são considerados fármacos importantes para utilização em seres humanos, quer porque não têm eficácia ou finalidade em seres humanos (como a utilização de ionóforos em ruminantes), quer porque deixaram de ser utilizados em seres humanos (como o declínio da utilização de sulfonamidas (medicamentos) devido a reacções alérgicas generalizadas e à resistência aos antibióticos entre os agentes patogénicos humanos

(Hersom, 2013). Historicamente, a regulamentação do uso de antibióticos na alimentação animal tem-se limitado a limitar os resíduos de medicamentos na carne, nos ovos e nos produtos lácteos, em vez de se preocupar com o desenvolvimento da resistência aos antibióticos. Isto reflecte as preocupações primárias na medicina humana, onde os investigadores e os médicos estavam historicamente mais preocupados com doses eficazes mas não tóxicas de medicamentos do que com a resistência aos antibióticos.

As provas da transferência dos chamados "superbactérias" dos animais para os seres humanos têm sido escassas e a maioria das provas mostra que os agentes patogénicos que suscitam preocupação nas populações humanas tiveram origem nos seres humanos e são aí mantidos, com casos raros de transferência para os seres humanos. Um dos agentes patogénicos mais frequentemente citados na literatura popular é o Staphylococcus aureus resistente à meticilina, que é largamente mantido na população humana, muitas vezes assintomático, e até recentemente raramente foi encontrado em alimentos ou animais de companhia. Mais significativamente, a evidência da transferência de genes de resistência às fluoroquinolonas em estirpes de Campylobacter através das aves de capoeira foi citada como justificação para restringir severamente a utilização veterinária de fluoroquinolonas em animais destinados à alimentação nos EUA. (A utilização em animais de companhia ainda é permitida e as fluoroquinolonas são o antibiótico mais frequentemente prescrito a humanos adultos nos Estados Unidos, apesar das diretrizes que recomendam a sua utilização apenas em infecções graves (American Veterinary Association, 2013). Desafiando os ensinamentos de Fleming, desde o final da década de 1950, quantidades maciças de antibióticos não sujeitos a receita médica, comprados em lojas de produtos agrícolas e através de vendas por correspondência e pela Internet, têm sido utilizadas em animais de companhia e de criação sem supervisão veterinária. As bactérias que permanecem nestes animais são provavelmente resistentes aos antibióticos utilizados e podem ser transmitidas para o ambiente através do estrume, das fezes ou de gotículas nasais. O impacto real destes organismos resistentes depende do seu tipo específico e do animal ou organismo que passam a infetar (en.wikipedia.org).

Em 2001, o National Hog Farmer alertou os produtores norte-americanos para o facto de *o Clostridium difftcilete* estar a varrer o sector, matando muitos leitões. Em 2006, um estudo do Sistema Nacional de Monitorização da Saúde Animal do USDA investigou ainda mais a prevalência de C. *difficile* nas explorações de suínos. O estudo, que abrangeu explorações de suínos com uma dimensão típica das que constituem 94% dos suínos dos EUA, concluiu que a prevalência de C. *difficile* era relativamente baixa (11,4%) e que não havia diferenças em termos de região ou de dimensão da exploração (USDA, 2006). A infeção humana por C. *difficile* (resistente ou não aos medicamentos) está mais frequentemente associada à utilização de antibióticos fortes em seres humanos hospitalizados e não está associada a seres humanos em contacto com animais de criação (en.wikipedia.org).

As bactérias resistentes nos animais devido à exposição a antibióticos podem ser transmitidas aos seres humanos através de três vias, nomeadamente através do consumo de carne, do contacto próximo ou direto com animais ou outros seres humanos, ou através do ambiente (Schneider e Garrett, 2009). A Organização Mundial de Saúde concluiu que os antibióticos como factores de crescimento nos alimentos para animais devem ser proibidos, na ausência de avaliações de risco (OMS, 2009).

2.9 Impacto ambiental

Os antibióticos têm vindo a poluir o ambiente desde a sua introdução através de resíduos humanos (medicamentos, agricultura), animais e da indústria farmacêutica, bem como de resíduos de antibióticos, introduzindo assim bactérias resistentes a antibióticos no ambiente que, subsequentemente, aumentam a replicação dos seus genes de resistência à medida que continuam a dividir-se (Martinez e Olivares, 2012). Além disso, as bactérias portadoras de genes de resistência têm a capacidade de espalhar esses genes para outras espécies através da transferência horizontal de genes. Por conseguinte, mesmo que o antibiótico específico deixe de ser introduzido no ambiente, os genes de resistência aos antibióticos persistirão através das bactérias que, desde então, se replicaram sem exposição contínua (Martinez e Olivares, 2012).

2.11 . Mecanismos de resistência aos antibióticos

- As bactérias desenvolvem a capacidade de hidrolisar fármacos utilizando 0 lactamase, o que confere resistência à penicilina, por exemplo, *Escherichia coli, Staphylococcus epidermidis, Pseudomonas aeruginosa, Klebsiella pneumoniae* e 0 inibidor da lactamase, como o ácido clavulânico na amoxicilina-clavulanato (Augmentin) (Marcotte *et al.,* 2008).

- A permeabilidade alterada da parede celular confere resistência às tetraciclinas, às quinolonas e aos antibióticos trimetoprim e 0-lactâmicos, bem como a criação de uma barreira de biofilme proporciona um ambiente onde as bactérias agressoras se podem multiplicar a salvo do sistema imunitário do hospedeiro, por exemplo *Salmonella, Staphylococcus epidermidis* (Arciola *et al.*, 2003).

- As bombas de efluxo activas conferem resistência à eritromicina e à tetraciclina, por exemplo, o gene msrA em Staphylococcus é um mecanismo de resistência a antibióticos para conferir resistência a estes antibióticos (Davies *et al.*, 2002).

- Subunidade de peptidoglicano alterada (D-alanil-D-alanina alterada) do péptido NAM/NAG) também confere resistência à vancomicina, por exemplo, a enterococos resistentes à vancomicina (VRE) (Levine et *al.*, 2002).

- A alteração do ribossoma do gene erm confere resistência induzível aos agentes MLS (macrólidos lincosamida estreptogranina) através da metilação do 23 s rRNA, demonstrada através do teste da zona D para a resistência induzível à clindamicina em estafilococos e estreptococos beta hemolíticos (Gandhi et *al.*, 1999).

Tabela 2.4 Mecanismos de resistência a diferentes classes de antimicrobianos

ANTIMICROBIAL CLASS	MECHANISM OF RESISTANCE	SPECIFIC MEANS TO ACHIEVE RESISTANCE	EXAMPLES
Beta-lactams Examples: penicillin, ampicillin, mezlocillin, peperacillin, cefazolin, cefotaxime, ceftazidime, aztreonam, imipenem	Enzymatic destruction	Destruction of beta-lactam rings by beta-lactamase enzymes. With the beta-lactam ring destroyed, the antibiotic will no longer have the ability to bind to PBP (Penicillin-binding protein), and interfere with cell wall synthesis.	Resistance of staphylococi to penicillin; Resistance of Enterobacteriaceae to penicllins, cephalosporins, and aztreonam
	Altered target	Changes in penicillin binding proteins. Mutational changes in original PBPs or acquisition of different PBPs will lead to inability of the antibiotic to bind to the PBP and inhibit cell wall synthesis	Resistance of staphylococci to methicillin and oxacillin
	Decreased uptake	Porin channel formation is decreased. Since this is	Resistance of *Enterobacteraerogenes*, *Klebsiellapneumoniae* and

		where beta-lactams cross the outer membrane to reach the PBP of Gram-negative bacteria, a change in the number or character of these channels can reduce beta lactam uptake.	*Pseudomonasaeruginos a* to imipenem
Glycopeptides Example: vancomycin	Altered target	Alteration in the molecular structure of cell wall precursor components decreases binding of vancomycin so that cell wall synthesis is able to continue.	Resistance of enterococci to vancomycin
Aminoglyosides Examples: gentamicin, tobramycin, amikacin, netilmicin, streptomycin, kanamycin	Enzymatic modification	Modifying enzymes alter various sites on the aminoglycoside molecule so that the ability of this drug to bind the ribosome and halt protein synthesis is greatly diminished or lost entirely.	Resistance of many Gram-positive and Gram negative bacteria to aminoglycosides
	Decreased	Change in	Resistance of a variety

	uptake	number or character of porin channels (through which aminoglycosides cross the outer membrane to reach the ribosomes of gram-negative bacteria) so that aminoglycoside uptake is diminished.	of Gram-negative bacteria to aminoglycosides
	Altered target	Modification of ribosomal proteins or of 16s rRNA. This reduces the ability of aminoglycoside to successfully bind and inhibit protein synthesis	Resistance of Mycobacterium spp to streptomycin
Quinolones Examples: ciprofloxacin, levofloxacin, norfloxacin, lomefloxacin	Decreased uptake	Alterations in the outer membrane diminishes uptake of drug and/or activation of an "efflux" pump that removes quinolones before intracellular concentration is sufficient for inhibiting DNA metabolism.	Resistance of Gram negative and staphylococci (efflux mechanism only) to various quinolones

Altered target	Changes in DNA gyrase subunits decrease the ability of quinolones to bind this enzyme and interfere with DNA processes	Gram negative and Gram positive resistance to various

(Forbes *et al.*, 1998; Berger-Bachi, 2002).

2.11 Bactérias selecionadas utilizadas neste estudo

2.11.1 *Staphylococcus aureus*

O Staphylococcus aureus (coloquialmente conhecido como *Staph. aureus* ou infeção por Staph) é um dos principais agentes patogénicos resistentes que se adapta extremamente bem à pressão dos antibióticos (Bozdoganet *al.*, 2003). A meticilina era então o antibiótico de eleição, mas desde então foi substituída pela oxacilina devido a uma toxicidade renal significativa. *O Staphylococcus aureus* resistente à meticilina (MRSA) foi detectado pela primeira vez na Grã-Bretanha em 1961, sendo atualmente bastante comum nos hospitais. O MRSA foi responsável por 37% dos casos fatais de sépsis no Reino Unido em 1999, contra 4% em 1991. Metade de todas as infecções por *S. aureus* nos EUA são resistentes à penicilina, à meticilina, à tetraciclina e à eritromicina, o que deixou a vancomicina como o único agente eficaz disponível na altura. No entanto, as estirpes com

Os níveis intermédios (4-8 pg/ml) de resistência, designados *Staphylococcus aureus* intermediário aos glicopeptídeos (GISA) ou *Staphylococcus aureus* intermediário à vancomicina (VISA), começaram a surgir no final da década de 1990. O primeiro caso identificado ocorreu no Japão em 1996 e, desde então, foram encontradas estirpes em hospitais de Inglaterra, França e EUA. A primeira estirpe documentada com resistência completa (>16 pg/ml) à vancomicina, designada *Staphylococcus aureus* resistente à vancomicina (VRSA), surgiu nos Estados Unidos em 2002 (Bozdoganet *al.,* 2003).

No entanto, em 2011, foi testada uma variante da vancomicina que se liga à variação do lactato e também se liga bem ao alvo original, restabelecendo assim uma potente atividade antimicrobiana (Pierce *et al.,* 2011). Uma nova classe de antibióticos, as oxazolidinonas, ficou disponível na década de 1990, e a primeira oxazolidinona disponível no mercado, a linezolida, é comparável à vancomicina em termos de eficácia contra o MRSA. A resistência à linezolida em *S. aureus* foi registada em 2001 (Boyle-Vavra e Daum, 2007).

O MRSA adquirido na comunidade (CA-MRSA) surgiu agora como uma epidemia responsável por doenças rapidamente progressivas e fatais, incluindo pneumonia necrosante, sépsis grave e fasceíte necrosante (Boyle-Vavra e Daum, 2007). O MRSA é o agente patogénico resistente aos medicamentos antimicrobianos mais frequentemente identificado nos hospitais dos EUA. Os dois clones de MRSA nos Estados Unidos mais estreitamente associados a surtos na comunidade, USA400 (estirpe MW2, linhagem STI) e USA300, contêm frequentemente genes da leucocidina Panton-Valentine (PVL) e, mais frequentemente, têm sido associados a infecções da pele e dos tecidos moles. Foram notificados surtos de infecções por CA-MRSA em estabelecimentos prisionais, entre equipas atléticas, entre recrutas militares, em berçários de recém-nascidos e entre homens que praticam sexo com homens. As infecções por CA-MRSA parecem agora endémicas em muitas regiões urbanas e causam a maioria das infecções por CA-S. *aureus* (Mareeet al., 2007).

2.11.2 *Pseudomonas aeruginosa*

De um modo geral, *a Pseudomonas aeruginosa* é um agente patogénico oportunista altamente prevalente. Uma das caraterísticas mais preocupantes da *P. aeruginosa* é a sua baixa suscetibilidade aos antibióticos, que pode ser atribuída a uma ação concertada de bombas de efluxo de múltiplos fármacos com genes de resistência aos antibióticos codificados cromossomicamente (por exemplo, *mexAB-oprM, mexXY,* etc.) e à baixa permeabilidade dos envelopes celulares bacterianos (Hidronet *al.,* 2008).

2.11.3 *Escherichia coli*

A infeção por *Escherichia coli* pode resultar do consumo de alimentos contaminados (Loo *et al.,* 2005). Quando esta bactéria se propaga, surgem graves problemas de saúde. Todos os anos, muitas pessoas são hospitalizadas depois de serem infectadas e algumas morrem em consequência disso. Desde 1993, algumas estirpes de

A E. *coli* tornou-se resistente a vários tipos de antibióticos de fluoroquinolona (Loo *et al.,* 2005).

2.12 Concentração inibitória mínima e concentração bactericida mínima

A concentração inibitória mínima (CIM) é definida como a concentração mais baixa de um antimicrobiano que inibe o crescimento visível de um microrganismo e as concentrações bactericidas mínimas (CBM) são a concentração mais baixa de um antimicrobiano que mata o crescimento de um organismo após subcultura em meios isentos de antibióticos (Kowser e Fatema, 2009). Jennifer (2001) descreveu as concentrações inibitórias mínimas como o "padrão de ouro" para determinar a suscetibilidade dos organismos aos antimicrobianos e, por conseguinte, são utilizadas para avaliar o desempenho de todos os outros métodos de teste de suscetibilidade.

CAPÍTULO 3

3.1   MATERIAIS E MÉTODOS

3.2   Materiais

Foram utilizados para o estudo isolados bacterianos (Staphylococcus *aureus, Escherichia coli* e *Pseudomonas* spp) cultivados a partir de amostras de urina de mulheres grávidas seropositivas para o VIH que frequentavam a clínica pré-natal no Ondo State Specialist Hospital, Akure, Sudoeste da Nigéria. Cada isolado bacteriano foi verificado utilizando morfologia cultural, coloração de Gram, meios selectivos e meios diferenciais, bem como testes bioquímicos para autenticar a identidade de cada isolado.

3.3   Reação de coloração de Gram

Colocou-se uma gota de soro fisiológico numa lamela de vidro limpa e sem gordura, bem identificada, utilizando uma ansa de inoculação estéril; emulsionou-se com o soro fisiológico uma colónia de uma cultura nocturna do isolado bacteriano para fazer um esfregaço fino. O esfregaço foi seco ao ar e depois fixado pelo calor. A lâmina foi inundada com violeta de cristal (coloração primária) durante 60 segundos, após o que a coloração foi lavada da lâmina com água. O esfregaço foi inundado com iodo de Gram (mordente) para fixar a coloração primária. O iodo foi lavado com água após 60 s. A lâmina foi então inundada com um descolorante (etanol a 70%) durante 3 segundos e lavada. Adicionou-se a safranina como contracoloração e deixou-se atuar durante 30 segundos antes de ser enxaguada. O esfregaço corado foi seco ao ar e depois observado ao microscópio utilizando a lente objetiva de imersão em óleo XI00 do microscópio.

3.4 Teste bioquímico

O seguinte teste bioquímico foi efectuado para autenticar a identidade de cada isolado

3.4.1 Teste da catalase

Uma cultura com 24 horas de idade dos isolados foi emulsionada com uma gota de peróxido de hidrogénio numa lâmina limpa. Os organismos catalase positivos produziram bolhas de gás na lâmina.

3.4.2 Teste da coagulase

Uma a duas colónias do isolado foram inoculadas em tubos de ensaio contendo 1 ml de caldo nutritivo e depois incubadas a 37°c durante 24 horas. Após 24 horas, colocou-se 1 ml de plasma em cada um dos tubos de ensaio e incubou-se posteriormente durante 4 horas a 37°C. Os isolados de coagulase positiva apresentam uma aglomeração nos tubos, formando uma mistura gelatinosa.

3.4.3 Rastreio da DNase

Uma a duas colónias de uma cultura com 24 horas de idade de cada isolado bacteriano foram inoculadas em placas de DNase por sementeira. As placas foram incubadas a 37°c durante 24 horas. Após 24 horas, foram inundadas com IN HC1. Uma zona de inibição indica atividade de DNase.

3.4.4 Teste da oxidase

Quando o dador de electrões é oxidado pela citocromo oxidase, torna-se roxo escuro, indicando um teste positivo.

3.5 Preparação de soluções de reserva de antibióticos

Foram utilizadas as seguintes classes de antibióticos (Beecham e GSK em pó): penicilina, cefalosporina, floroquinolona, macrólido, aminoglicosídeo, tetraciclina e cloranfenicol.

Cada antibiótico foi dissolvido separadamente em solvente/diluente estéril (foi utilizada água como solvente para a maioria dos antibióticos), exceto a eritromicina que foi dissolvida em DMSO, de acordo com os métodos de Jennifer (2001), e a concentração de cada antibiótico utilizado baseou-se nas especificações do fabricante para a preparação de soluções de reserva de antibióticos em mg/ml.

3.6   Preparação do inóculo bacteriano

Uma cultura de 24 horas de um isolado bacteriano foi emulsionada em solução salina normal estéril e ajustada para um padrão de 0,5 McFarland (comparando o inóculo desejado com um padrão de 0,5 McFarland)

3.7   Determinação da CIM e do CBM

A determinação da Concentração Inibitória Mínima (CIM) do representante de cada classe de antibiótico foi efectuada utilizando o método de diluição em tubo (10^1 a IO^8 diluições em série) (Jennifer, 2001; Kowser e Fatema, 2009), o que envolveu dez tubos de ensaio contendo 1 ml de caldo Mueller Hinton estéril, cada um dos quais foi colocado num suporte. O tubo de ensaio um na prateleira como controlo de antibiótico (A.C) e controlo de crescimento (G.C) foi o tubo de ensaio 10, respetivamente. Os tubos de ensaio numerados de 1 a 8 serviram como experimentais. Foi efectuada uma diluição em série ($10^{'1}$ a $10^{'8}$) de cada antibiótico em caldo Mueller Hinton estéril. Cada tubo de ensaio foi inoculado, incluindo o controlo de crescimento (exceto o controlo de antibiótico), com 1 ml de cada isolado bacteriano e foi incubado a 37°C durante 24 horas, tendo a CIM sido depois monitorizada. A concentração bactericida mínima (CBM) de cada antibiótico foi também determinada por subcultura de todos os tubos de ensaio com os quais não se verificou crescimento em ágar nutriente que não continha quaisquer antibióticos e que foi incubado a 37°C durante 24 horas, sendo a CBM monitorizada em seguida.

3.8   Determinação   da   produção   de   enzimas extracelulares '

A determinação da produção de enzimas extracelulares de todos os isolados bacterianos foi efectuada em relação à sua capacidade de produzir protease, lipase e DNase utilizando meios específicos (ágar leite desnatado, ágar tributirina e ágar DNase, respetivamente).

3.8.1 Rastreio da produção de lipase

Todos os isolados bacterianos foram semeados em meio sólido de ágar tributirina (Smibert e Krieg, 1981) contendo (g/L), peptona de carne 2,5; peptona de caseína 2,5; extrato de levedura 3,0; ágar-ágar 15,0 e 10,0 ml de tributirina (tributirato de glicerol), o pH foi ajustado para 7,5. A presença de uma zona clara à volta das colónias indica a produção de lipase. O diâmetro da zona clara foi medido para cada colónia.

3.8.2 Rastreio da produção de proteases

Todos os isolados bacterianos foram semeados em meio de ágar de leite desnatado sólido contendo digestão péptica de tecido animal 5,0, extrato de carne de bovino 1,5, extrato de levedura 1,5, cloreto de sódio 5,0, ágar 15,0 e leite desnatado 10,0 em g/1.

3.9   Despistagem   da   beta-lactamase   de   espetro alargado

O rastreio da beta-lactamase de espetro alargado foi efectuado utilizando o método de aproximação de disco duplo (Jerlier *et al.,* 1988; Thomson e Sanders, 1992). As estirpes de teste foram incubadas em caldo nutriente a 37°C até uma densidade ótica de 0,5 padrões de turbidez McFarland. Esta suspensão foi inoculada numa placa de ágar Mueller-Hinton por esfregaço com cotonetes esterilizados. Dois discos antimicrobianos foram colocados a 30 mm de distância (centro a centro). Um dos discos continha amoxicilina/ácido clavulânico e o outro continha uma cefalosporina de espetro alargado (ceftriaxona, cefotaxima ou ceftazidima).

3.10   Análise de plasmídeos

A análise de plasmídeos dos isolados bacterianos selecionados foi efectuada pelo método de Kado e Liu, 1981. Foram utilizados 600 pl de solução de lise nucleica para suspender as bactérias e centrifugadas durante 5 minutos. Em seguida, procedeu-se à extração de proteínas, adicionando 200 pl de fenol/clorofórmio (1:1) juntamente com 3 pl de cloreto de sódio 5 M ao lisado para precipitação do ADN cromossómico e incubando no gelo durante 4 h. A mistura foi centrifugada durante 10 min. Em seguida, transferiram-se 150 pl de sobrenadante para um novo tubo, adicionaram-se 300 pl de etanol a 80 % frio e centrifugou-se durante 20 minutos a 13 000 rpm. O lisado desejado (sobrenadante) foi removido e o sedimento lavado com 100 pl de etanol a 80 % frio e deixado a secar ao ar antes de ser suspenso em TAE com diluição de RNase (1:100). Todas as preparações foram visualizadas combinando 2 pl de corante de carga com 8 pl de preparações de plasmídeos e eletroforese num gel de agarose a 0,8 % durante 1 min a 200 v, antes de baixar a tensão para 100 v durante os 59 min seguintes. Os géis foram semeados com uma solução de brometo de etídio durante 30 minutos e desinfectados durante cerca de 1 hora com água destilada. Em seguida, as bandas foram visualizadas e fotografadas sob iluminação ultra-violenta.

CAPÍTULO 4

4.1   RESULTADO
4.2   Identificação dos isolados bacterianos

Os isolados bacterianos utilizados neste estudo foram os obtidos em culturas de amostras de urina de mulheres grávidas seropositivas para o VIH no Ondo State Specialist Hospital, Akure, no sudoeste da Nigéria. Os isolados bacterianos foram subcultivados em meios selectivos e diferenciais para verificação, utilizando morfologia cultural, coloração de Gram, bem como testes bioquímicos para autenticar a sua identidade. Os isolados bacterianos que foram analisados incluem *Staphylococcus aureus, Escherichia coli* e *Pseudomonas* spp. No total, foi analisado um número total de cinquenta (50) isolados, sendo *S. aureus* responsável por vinte 20 (40%), *E. coli* por dez 10 (20%) e *Pseudomonas aeruginosa* e *Pseudomonas fluorescens* por 20 (40%).

4.3   Determinação da concentração inibitória mínima e da concentração bactericida mínima A concentração inibitória mínima (CIM) e a concentração bactericida mínima (CBM) dos isolados foram determinadas utilizando o método de diluição em tubo de diferentes antibióticos, incluindo amoxicilina, augmentina, ceftazidima, cefoxitina, cefuroxima, cefalexina, cloranfenicol, ciprofloxacina, eritromicina, gentamicina e tetraciclina. Os resultados mostraram que quase todos os isolados bacterianos recuperados de amostras de urina de mulheres grávidas seropositivas para o VIH apresentaram valores de CIM variáveis. Alguns destes isolados bacterianos foram inibidos a baixas concentrações, enquanto a maioria dos isolados foi inibida a concentrações relativamente elevadas. Os resultados da MBC também foram variados. Alguns dos isolados bacterianos foram inibidos e mortos nas mesmas concentrações, enquanto a maioria destes isolados foi morta em concentrações relativamente elevadas.

Table 4.1: Perfil de CIM e CBM da penicilina para isolados de *Staphylococcus aureus*

S/N	Isolates code	MIC for penicillin (mg/mL)		MBC for penicillin (mg/mL)	
		augumentin	amoxicillin	Augmentin	Amoxicillin
1	A38a+ca	5.7	6.25	11.4	12.5
2	A31b+	5.7	6.25	5.7	6.25
3	A8a+ca	22.8	12.5	22.8	12.5
4	A5a1+	11.4	6.25	22.8	12.5
5	A66a+	11.4	12.5	22.8	12.5
6	C31b+	5.7	6.25	5.7	12.5
7	A31b2+	5.7	12.5	11.4	12.5
8	A11c+ca	11.4	6.25	11.4	12.5
9	A22a+ca	5.7	12.5	22.8	12.5
10	A1c	2.85	6.25	5.7	12.5
11	A11b+ca	2.85	6.25	5.7	12.5
12	A22a+	5.7	12.5	11.4	12.5
13	B31d+	5.7	12.5	22.8	12.5
14	A5a2+	5.7	0.781	11.4	1.563
15	A8a+	5.7	3.125	5.7	12.5
16	A3a+	22.8	6.25	22.8	6.25
17	A10b+	5.7	12.5	11.4	12.5
18	A22a1+ca	2.85	1.563	5.7	3.125
19	B34a+	2.85	6.25	11.4	12.5
20	A26b+	1.43	1.563	2.85	6.25

Table 4.2: Perfil de CIM e CBM da cefalosporina para isolados de *Staphylococcus aureus*

S/N	Isolates code	MIC for cephalosporin (mg/mL)			MBC for cephalosporin (mg/mL)		
		cephalexin	Cefuroxime	ceftazidime	cephalexin	cefuroxime	ceftazidime
1	A38a+ca	6.25	6.25	0.781	12.5	12.5	3.125
2	A31b+	12.5	6.25	3.125	12.5	12.5	6.25
3	A8a+ca	6.25	6.25	6.25	12.5	12.5	12.5
4	A5a1+	6.25	6.25	6.25	12.5	12.5	12.5
5	A66a+	6.25	12.5	3.125	12.5	12.5	6.25
6	C31b+	6.25	6.25	1.563	6.25	12.5	6.25
7	A31b2+	3.125	6.25	6.25	12.5	12.5	12.5
8	A11c+ca	6.25	12.5	6.25	12.5	12.5	12.5
9	A22a+ca	12.5	3.125	12.5	12.5	12.5	12.5
10	A1c	6.25	6.25	6.25	12.5	12.5	12.5
11	A11b+ca	6.25	12.5	6.25	12.5	12.5	6.25
12	A22a+	12.5	6.25	3.125	12.5	12.5	12.5
13	B31d+	6.25	12.5	0.781	12.5	12.5	3.125
14	A5a2+	3.125	6.25	3.125	12.5	12.5	6.25
15	A8a+	6.25	3.125	1.563	12.5	12.5	1.563
16	A3a+	12.5	6.25	6.25	12.5	12.5	6.25
17	A10b+	6.25	3.125	1.563	12.5	12.5	12.5
18	A22a1+ca	6.25	6.25	1.563	12.5	12.5	3.125
19	B34a+	3.125	12.5	1.563	12.5	12.5	12.5
20	A26b+	12.5	12.5	0.781	12.5	12.5	0.781

Table 4.3: Perfil de CIM e CBM da ciprofloxacina para isolados de *Staphylococcus aureus*

S/N	Isolates code	MIC for ciprofloxacin (mg/mL)	MBC for ciprofloxacin(mg/mL)
1	A38a+ca	0.781	1.563
2	A31b+	0.781	1.563
3	A8a+ca	0.781	1.563
4	A5a$_1$+	0.391	0.781
5	A66a+	0.195	0.391
6	C31b+	0.391	0.781
7	A31b$_2$+	0.781	1.563
8	A11a+ca	0.391	0.781
9	A22a+ca	0.195	0.391
10	A1c	0.391	0.781
11	A11b+ca	0.781	0.781
12	A22a+	0.781	1.563
13	B31d+	0.781	1.563
14	A5a$_2$+	0.391	3.125
15	A8a+	0.781	3.125
16	A3a+	0.391	0.781
17	A10b+	0.781	3.125
18	A22a$_1$+ca	0.195	0.391
19	B34a+	0.391	0.781
20	A26b	0.391	0.781

Tabela 4.4: Perfil de CIM e CBM de antibióticos que inibem a tradução para isolados de *Staphylococcus aureus*

S/N	Isolates code	MIC (mg/mL)				MBC (mg/mL)			
		Gentamicin	Erythromycin	Tetracycline	chloramphenicol	gentamicin	Erythromycin	tetracycline	chloramphenicol
1	A38a+ca	0.008	0.008	0.004	0.016	0.016	0.016	0.008	0.032
2	A31b+	0.008	0.016	0.008	0.016	0.008	0.016	0.008	0.032
3	A8a+ca	0.016	0.008	0.004	0.016	0.016	0.016	0.008	0.032
4	A5a1+	0.016	0.016	0.004	0.016	0.016	0.016	0.008	0.032
5	A66a+	0.008	0.016	0.008	0.016	0.016	0.016	0.008	0.032
6	C31b+	0.008	0.008	0.004	0.016	0.016	0.016	0.008	0.032
7	A31b2+	0.008	0.008	0.004	0.016	0.008	0.016	0.008	0.032
8	A11c+ca	0.008	0.008	0.004	0.016	0.016	0.016	0.008	0.032
9	A22a+ca	0.016	0.008	0.004	0.016	0.016	0.016	0.008	0.032
10	A1c	0.016	0.008	0.004	0.032	0.016	0.016	0.008	0.032
11	A11b+ca	0.008	0.016	0.008	0.016	0.016	0.016	0.008	0.032
12	A22a+	0.016	0.008	0.008	0.032	0.016	0.016	0.008	0.032
13	B31d+	0.008	0.008	0.004	0.016	0.008	0.016	0.008	0.032
14	A5a2+	0.008	0.008	0.008	0.016	0.016	0.016	0.008	0.032
15	A8a+	0.008	0.008	0.004	0.032	0.008	0.016	0.004	0.032
16	A3a+	0.008	0.008	0.004	0.016	0.008	0.016	0.008	0.032
17	A10b+	0.016	0.008	0.004	0.016	0.016	0.016	0.008	0.032
18	A22a1+ca	0.016	0.008	0.008	0.016	0.016	0.016	0.008	0.032
19	B34a+	0.008	0.008	0.004	0.016	0.008	0.016	0.008	0.032
20	A26b+	0.008	0.016	0.004	0.032	0.016	0.016	0.008	0.032

Table 4.5:   Perfil de CIM e CBM da penicilina para isolados de *Escherichia coli*

S/N	Isolates code	MIC for penicillin (mg/mL)		MBC for penicillin (mg/mL)	
		Augumentin	amoxicillin	Augmentin	Amoxicillin
1	A39b+	11.4	6.25	22.8	12.5
2	A43a+	5.7	3.125	11.4	6.25
3	A5b+	11.4	6.25	22.8	12.5
4	A31c+	11.4	6.25	11.4	12.5
5	A40a+	1.43	6.25	5.7	12.5
6	A33a+	11.4	6.25	22.8	12.5
7	A20a+mac	11.4	6.25	22.8	12.5
8	A34a+ca	11.4	1.563	22.8	3.125
9	A2a+	5.7	6.25	22.8	12.5
10	A34a+	11.4	6.25	11.4	12.5

Table 4.6:   Perfil de CIM e CBM da cefalosporina para isolados de *Escherichia coli*

S/N	Isolates code	MIC for cephalosporin (mg/mL)			MBC for cephalosporin (mg/mL)		
		cephalexin	cefuroxime	ceftazidime	cephalexin	Cefuroxime	ceftazidime
1	A39b+	1.563	3.125	1.563	3.125	6.25	6.25
2	A43a+	6.25	6.25	0.781	6.25	6.25	1.563
3	A5b+	3.125	6.25	0.196	6.25	12.5	0.781
4	A31c+	6.25	6.25	0.781	12.5	12.5	1.563
5	A40a+	6.25	3.125	0.391	12.5	6.25	3.125
6	A33a+	6.25	6.25	0.391	12.5	12.5	3.125
7	A20a+mac	3.125	6.25	1.563	6.25	12.5	6.25
8	A34a+ca	6.25	3.125	0.781	12.5	6.25	0.781
9	A2a+	6.25	6.25	0.781	12.5	12.5	6.25
10	A34a+	3.125	3.125	0.781	6.25	12.5	1.563

Table 4.7:   Perfil de CIM e CBM da ciprofloxacina para isolados de *Escherichia coli*

S/N	Isolates Code	MIC for ciprofloxacin(mg/mL)	MBC ciprofloxacin(mg/mL)
1	A39b+	0.781	1.563
2	A43a+	1.563	3.125
3	A5b+	3.125	3.125
4	A31c+	0.391	0.781
5	A40a+	3.125	3.125
6	A33a+	1.563	3.125
7	A20a+mac	0.781	1.563
8	A34a+ca	0.781	1.563
9	A2a+	1.563	1.563
10	A34a+	1.563	3.125

Table 4.8:   Perfil de MIC e MBC de antibióticos que inibem a tradução para
Isolados *de Escherichia coli*

S/N	Isolates code	MIC (mg/mL)				MBC (mg/mL)			
		gentamicin	Erythromycin	chloramphenicol	tetracycline	gentamicin	Erythromycin	Chloramphenicol	Tetracycline
1	A39b+	0.008	0.008	0.008	0.004	0.016	0.008	0.016	0.008
2	A43a+	0.016	0.008	0.008	0.008	0.016	0.016	0.008	0.008
3	A5b+	0.008	0.016	0.016	0.004	0.016	0.016	0.016	0.008
4	A31c+	0.008	0.016	0.008	0.008	0.016	0.016	0.016	0.008
5	A40a+	0.016	0.008	0.016	0.004	0.016	0.016	0.016	0.008
6	A33a+	0.008	0.008	0.008	0.008	0.008	0.008	0.016	0.008
7	A20a+mac	0.008	0.008	0.008	0.008	0.008	0.008	0.008	0.008
8	A34a+ca	0.008	0.008	0.008	0.004	0.016	0.016	0.016	0.008
9	A2a+	0.008	0.008	0.016	0.008	0.008	0.016	0.016	0.008
10	A34a+	0.008	0.016	0.008	0.004	0.016	0.016	0.016	0.008

Table 4.9:   Perfil da CIM e da CBM da penicilina para *Pseudomonas aeruginosa* e *Pseudomonas fluorescens*

S/N	Isolates code	MIC for penicillin (mg/mL)		MBC for penicillin (mg/mL)	
		Augumentin	amoxicillin	Augmentin	Amoxicillin
1	A37a+	2.85	-	5.7	-
2	B22c+	11.4	-	11.4	-
3	A16a+ca	2.85	-	11.4	-
4	B17b+	2.85	-	5.7	-
5	A17a+ca	2.85	-	5.7	-
6	A35a+	2.85	-	2.85	-
7	A29a+mac	5.7	-	11.4	-
8	A100a+ca	11.4	-	11.4	-
9	B34b+	5.7	-	11.4	-
10	A38b+mac	2.85	-	5.7	-
11	A2a+mac	5.7	-	11.4	-
12	A22a+ca	5.7	-	5.7	-
13	A30e+	2.85	-	5.7	-
14	A34c+	5.7	-	5.7	-
15	B4c+	2.85	-	11.4	-
16	A12b+	2.85	-	5.7	-
17	A30e+ca	2.85	-	5.7	-
18	A1ba+ca	11.4	-	11.4	-
19	C35b+	2.85	-	5.7	-
20	A16a+	2.85	-	11.4	-

Table 4.10: Perfil de CIM e CBM da cefalosporina para isolados de *Pseudomonas aeruginosa* e *Pseudomonas fluorescens*

S/N	Isolates code	MIC for cephalosporin (mg/mL)				MBC for cephalosporin (mg/mL)			
		Cephalexin	Cefuroxime	Cefoxitin	ceftazidime	Cephalexin	Cefuroxime	Cefoxitin	Ceftazidime
1	A37a+	-	-	-	3.125	-	-	-	6.25
2	B22c+	-	-	-	1.563	-	-	-	6.25
3	A16a+ca	-	-	-	3.125	-	-	-	12.5
4	B17b+	-	-	-	3.125	-	-	-	6.25
5	A17a+ca	-	-	-	3.125	-	-	-	6.25
6	A35a+	-	-	-	1.563	-	-	-	12.5
7	A29a+mac	-	-	-	6.25	-	-	-	12.5
8	A100a+ca	-	-	-	6.25	-	-	-	12.5
9	B34b+	-	-	-	6.25	-	-	-	12.5
10	A38b+mac	-	-	-	3.125	-	-	-	12.5
11	A2a+mac	-	-	-	3.125	-	-	-	3.125
12	A22a+ca	-	-	-	1.563	-	-	-	6.25
13	A30e+	-	-	-	6.25	-	-	-	12.5
14	A34c+	-	-	-	3.125	-	-	-	12.5
15	B4c+	-	-	-	1.563	-	-	-	12.5
16	A12b+	-	-	-	6.25	-	-	-	12.5
17	A30e+ca	-	-	-	6.25	-	-	-	12.5
18	A1ba+ca	-	-	-	6.25	-	-	-	12.5
19	C35b+	-	-	-	3.125	-	-	-	12.5
20	A16a+	-	-	-	3.125	-	-	-	12.5

Table 4.11: Perfil da CIM e da CBM da ciprofloxacina para isolados de *Pseudomonas aeruginosa* *e fluoresce ns*

S/N	Isolates code	MIC for ciprofloxacin(mg/mL)	MBC for ciprofloxacin(mg/mL)
1	A37a+	1.563	3.125
2	B22c+	1.563	3.125
3	A16a+ca	0.391	3.125
4	B17b+	0.782	1.563
5	A17a+ca	0.782	3.125
6	A35a+	0.782	1.563
7	A29a+mac	1.563	1.563
8	A100a+ca	1.563	3.125
9	B34b+	1.563	1.563
10	A38b+mac	0.782	3.125
11	A2a+mac	3.125	3.125
12	A22a+ca	3.125	3.125
13	A30e+	1.563	3.125
14	A34c+	1.563	3.125
15	B4c+	3.125	3.125
16	A12b+	0.782	3.125
17	A30e+ca	3.125	3.125
18	A1ba+ca	1.563	3.125
19	C35b+	1.563	3.125
20	A16a+	0.391	0.781

4.4   Determinação da produção de enzimas extracelulares

Foi efectuada a determinação da produção de enzimas extracelulares de isolados bacterianos recuperados de amostras de urina de mulheres grávidas seropositivas para o VIH, para determinar a sua capacidade de produzir determinadas enzimas. Dos cinquenta (50) isolados bacterianos, quinze (15) de *Staphylococcus aureus,* um (1) de *Escherichia coli* e cinco (5) de *Pseudomonas* spp foram positivos para a lipase. Para o rastreio de proteases, doze (12) de *Staphylococcus aureus* e cinco (5) de *Pseudomonas* spp foram positivos. Enquanto vinte (20) de *Staphylococcus aureus,* cinco (5) de *Pseudomonas* spp e um (1) de *Escherichia coli* foram positivos para o rastreio de

DNase.

O rastreio da Beta Lactamase de Espectro Alargado (ESBL) foi efectuado utilizando o método de aproximação de disco duplo (Jerlieret *al.,* 1988; Thomson e Sanders, 1992). Quatro (4) de dez (10) *Escherichia coli* e dois (2) de vinte (20) *Staphylococcus aureus* foram positivos para ESBL.

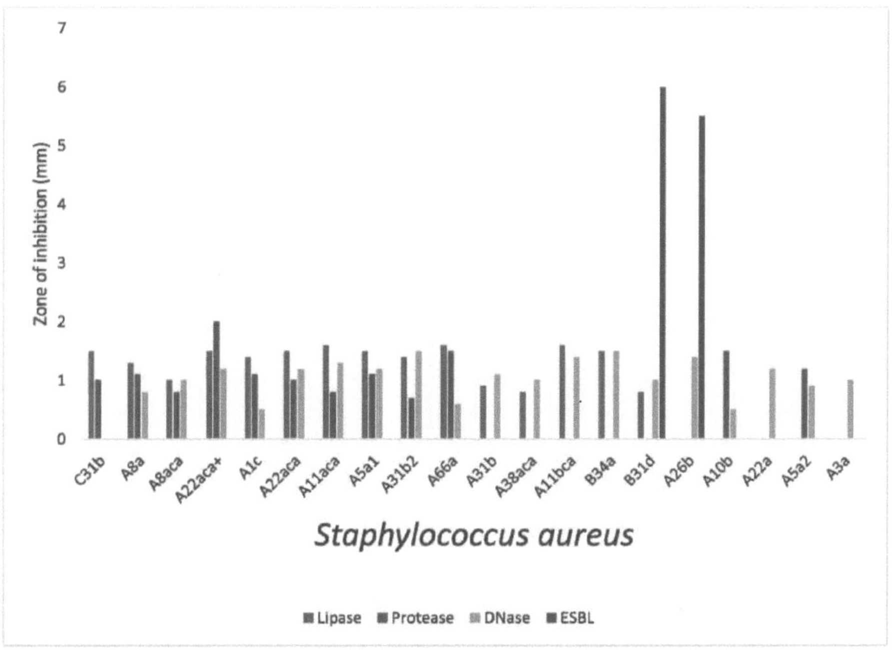

Figura 4.1: Enzimas extracelulares produzidas por isolados de *S. aureus*

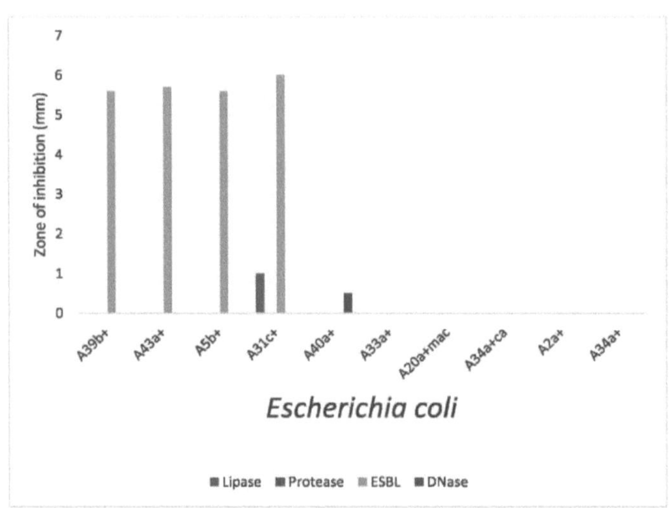

Figura 4.2: Enzimas extracelulares produzidas por isolados de *E. coli*

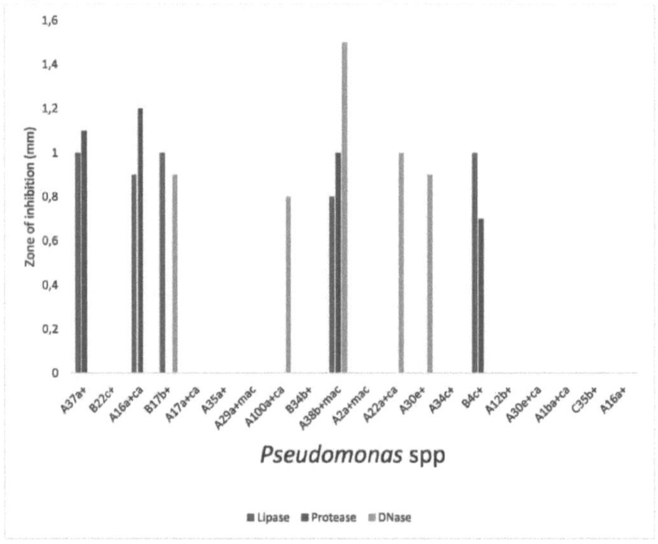

Figura 4.3: Enzimas extracelulares produzidas por isolados de *Ps. aeruginosa* e *Ps.*

fluorescens

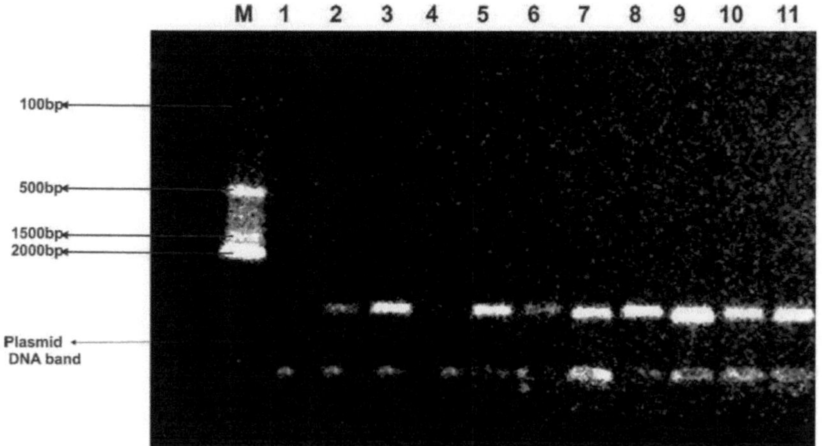

Plasmid analysis profile. Lane M: 1kb DNA Ladder; Lane 1: E.Coli Control (NCIB 86); Lane 2 to 11: E.Coli samples recovered from urine culture of HIV seropositive pregnant women

Figura 4.4: Gel para a banda de ADN plasmídico de E. *coli*

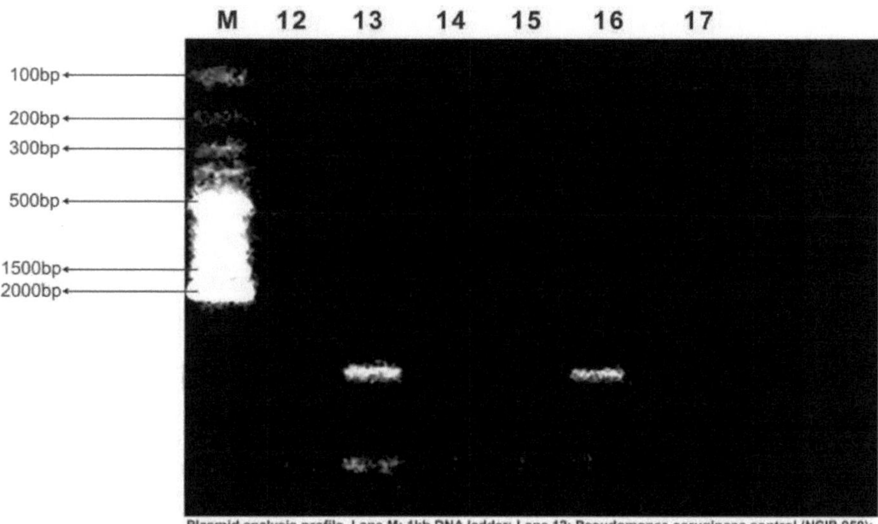

Plasmid analysis profile. Lane M: 1kb DNA ladder; Lane 12: Pseudomonas aeruginosa control (NCIB 950); Lane 13 to 17 : Pseudomonas sp samples recovered from urine culture of HIV seropositive pregnant

Figura 4.5: Gel para a banda de ADN plasmídico de *Pseudomonas aeruginosa e Pseudomonas fluorescens*

Tabela 4.12: Perfil do ADN plasmídico recuperado de isolados bacterianos

S/N	Code	Organisms	Plasmid Size (bp)
1	NCIB 86	*Escherichia coli* (control)	ND
2	A39b+	*Escherichia coli*	6595
3	A43a+	*Escherichia coli*	6595
4	A34a+ca	*Escherichia coli*	ND
5	A34a+	*Escherichia coli*	7129
6	A5b+	*Escherichia coli*	6595
7	A33a+	*Escherichia coli*	9004
8	A20a+mac	*Escherichia coli*	7706
9	A31c+	*Escherichia coli*	7706
10	A40a+	*Escherichia coli*	9004
11	A2a+	*Escherichia coli*	7706
12	NCIB 950	*Pseudomonas aeruginosa* (control)	ND
13	B4c+	*Pseudomonas aeruginosa*	9004
14	A38b+mac	*Pseudomonas fluorescens*	ND
15	A37a+	*Pseudomonas aeruginosa*	ND
16	B17b+	*Pseudomonas aeruginosa*	9004
17	A16a+ca	*Pseudomonas fluorescens*	ND

CAPÍTULO 5

DEBATE E CONCLUSÃO

5.1 Discussão

O aparecimento de bactérias resistentes deve-se à utilização incorrecta e excessiva de antibióticos, bem como à prescrição inadequada por parte dos médicos (Stuart, 2002). A resistência aos antibióticos tornou-se um importante problema clínico e de saúde pública durante a nossa vida. O estudo avalia o perfil de resistência aos antibióticos de isolados bacterianos, determinou os valores da concentração inibitória mínima (CIM) e da concentração bactericida mínima (CBM) de antibióticos habitualmente utilizados neste ambiente contra isolados de seropositivos para o VIH. A CIM e a CBM foram determinadas para cada isolado bacteriano. O estudo mostrou que os valores de CIM dos antibióticos testados contra S. *aureus, E. coli* e *Pseudomonas aeruginosa* e *Pseudomonas fluorescens*, que eram os isolados bacterianos predominantes cultivados a partir de amostras de urina de mulheres grávidas seropositivas para o VIH, eram elevados. Estes isolados bacterianos eram multirresistentes aos antibióticos a que foram testados. Os valores de CIM e CBM obtidos para a augmentina foram considerados mais eficazes em *S. aureus* (22,8 mg/mL) e moderadamente eficazes contra *E. coli* (1,43/2,85 mg/mL). Os valores de CIM e CBM de todos os antibióticos utilizados contra isolados de *S. aureus* variam entre 0,004/0,008 mg/mL e 22,8 mg/mL.

Os valores de CIM e CBM de todos os antibióticos testados contra isolados de *E. coli* variaram de 0,008/0,016 mg/mL a 11,4/22,8 mg/mL, enquanto os valores de CIM e

CBM de todos os antibióticos testados contra *Pseudomonas* spp variaram de 0,391/0,781 mg/mL a 11,4/12,5 mg/mL. Além disso, os valores de CIM de todos os antibióticos utilizados contra E. *coli* e *Pseudomonas* spp podem ser considerados moderados quando comparados com estudos anteriores em Dhaka (Nadia, 2005; Kowser e Fatema, 2009).

Os antibióticos beta-lactâmicos são os antibióticos mais utilizados em todo o mundo, o que os torna susceptíveis de utilização indevida e abusiva, conduzindo assim ao problema da resistência. Este estudo revelou a eficácia de cada antibiótico do grupo das cefalosporinas, em que a terceira geração de cefalosporinas foi mais eficaz e relevante, até certo ponto, no tratamento de infecções bacterianas, em comparação com a segunda geração e a primeira geração de cefalosporinas, bem como com o grupo das penicilinas.

No entanto, alguns dos antibióticos, como a gentamicina, a eritromicina, a tetraciclina e o cloranfenicol, mostraram um efeito moderado contra estes isolados bacterianos depois de os antibióticos terem sido aplicados em dose dupla. A CIM e a CBM da ciprofloxacina utilizada contra os isolados bacterianos envolvidos neste estudo variaram entre 0,195/0,781 mg/mL e 3,125 mg/mL. De todos os antibióticos utilizados, observou-se que a ciprofloxacina foi mais eficaz contra os isolados bacterianos. Estudos efectuados por Kowser e Fetema (2009) no Bangladesh sobre S. *aureus, Pseudomonas* spp. E. *coli* e *Shigella* spp de fontes clínicas indicaram que a ciprofloxacina foi mais eficaz do que outros antibióticos utilizados contra estes isolados bacterianos (Kowser e Fatema, 2009).

Os isolados bacterianos foram analisados quanto à produção das enzimas protease, lipase e DNase. Dos 20 isolados *de S. aureus* testados, verificou-se que dez (10) isolados produziam três destas enzimas cada (protease, lipase e DNase), cinco isolados bacterianos produziam enzimas DNase e lipase, dois isolados bacterianos produziam DNase e protease, enquanto os restantes três isolados bacterianos produziam apenas a enzima DNase. Dez isolados de *E. coli* analisados quanto à produção de enzimas revelaram que um isolado bacteriano produziu a enzima DNase, outro isolado bacteriano produziu lipase e outro protease. Além disso, dos vinte isolados *de Pseudomonas* spp cultivados (13 *Pseudomonas aeruginosa* e *Pseudomonasflooesccens)*, 6 (46,2%) dos 13 isolados *de P. aeruginosa* produziram enzimas. Dois dos quais produziram lipase e protease cada um, um produziu lipase e DNase, enquanto os restantes três produziram apenas DNase. Por outro lado, 2 (28,6%) dos 7 isolados *de P. fluorescens* recuperados mostraram que um dos dois *P. fluorescens* produzia lipase e protease e o outro produzia três enzimas, lipase, protease e DNase.

Neste estudo, foi detectada a produção de beta-lactamase de espetro alargado (ESBL). De acordo com Tumane e Wasnik (2013), as bactérias produtoras de ESBL causam várias infecções potencialmente fatais que podem levar à mortalidade relacionada com a sépsis. Dos dez isolados de E. *coli* analisados para a deteção de ESBL, quatro isolados produziram ESBL, enquanto dois dos vinte isolados de S. *aureus* analisados para a deteção de ESBL foram positivos para ESBL. Os isolados *de Pseudomonas aeruginosa* e *Pseudomonas fluorescens* foram considerados negativos para ESBL.

Os isolados bacterianos utilizados foram analisados quanto à presença de plasmídeos.

Os resultados mostram que, dos dez isolados *de E. coli* utilizados para a deteção de plasmídeos, nove isolados tinham plasmídeos, ao contrário dos 20 isolados *de Pseudomonas spp*, que consistiam em 13 P. *aeruginosa* e 7 *P. fluorescens*, apenas dois tinham plasmídeos. Todos os isolados *de S. aureus* analisados não tinham plasmídeos.

5.2 Conclusão

A maioria dos isolados bacterianos utilizados neste estudo eram multi-resistentes a diferentes antibióticos testados *in vitro*, o que sugere a prevalência de estirpes de resistência múltipla entre os doentes imunocomprometidos, o que é preocupante. A comparação da eficácia entre a classe de antibióticos beta-lactâmicos mostrou que a cefalosporina de terceira geração foi mais eficaz e relevante, até certo ponto, no tratamento da causa das infecções bacterianas, em comparação com a segunda geração e a primeira geração, bem como com o grupo da penicilina. A este respeito, os clínicos devem procurar terapias adicionais para complementar o padrão atual de cuidados e também controlar a utilização do novo medicamento.

5.3 Recomendação

1. Deve ser criada uma consciencialização, através dos meios de comunicação social, sobre a utilização e a utilização incorrecta dos antibióticos.

2. Deve ser implementado um curso curto de antibióticos.

3. O ciclo de antibióticos deve ser considerado quando novos antibióticos entram no mercado.

4. Deve ser criado um laboratório moderno de testes de antibióticos.

CAPÍTULO 6

Referências

Abigail, A. S. e Dixie, D. W. (2005).Revenge *of the microbes: how bacterial resistance is undermining the antibiotic miracle, ASM Press.-p.* 34

Albrich, W., Monnet, D.L., Harbarth, S. (2004). Pressão de seleção de antibióticos e resistência em *Streptococcus pneumoniae* e *Streptococcus pyogene. Doenças Infecciosas Emergentes.1Q* (3): 514-7.

Alekshun, M.N. e Levy, S.B. (2007). Molecular Mechanisms of Antibacterial Multidrug Resistance (Mecanismos Moleculares da Resistência Multidroga Antibacteriana). Cell.128:1037-1050.

Associação Veterinária Americana (2013). *Staphylococcus aureus* resistente à meticilina e animais.

Arciola, C.R., Campoccia, D., Gamberin,i S., Donati, M.E., Baldassarri, L., Montanaro, L. (2003). Ocorrência de genes ica para a síntese de limo numa coleção de estirpes de *Staphylococcus epidermidis* de infecções de próteses ortopédicas. *ActaOrthop Scand.* **74** (5):617-21.

Arnold, S.R., Straus, S.E. (2005). "Intervenções para melhorar as práticas de prescrição de antibióticos em cuidados ambulatórios". Em Arnold, Sandra R. *Cochrane Database of Systematic Reviews* (4): CD003539.

Baker, R. (2006). "Gestão da saúde com redução do uso de antibióticos - a experiência dos EUA". *Animal. Biotechnology.* **17** (2): 195-205.

Bari, S.B., Mahajan, B.M., Surana, S.J. (2008). Resistance to antibiotic: A challenge in chemotherapy (Resistência aos antibióticos: um desafio na quimioterapia). *Indian Journal of Pharmaceutical Education and ResearchAl* (1): 3-11.

Bassetti, M. (2011). Novas opções de tratamento contra organismos gram-negativos. Crit. Care 15, 215

Bengtsson, B., Wierup, M. (2006). "Antimicrobial resistance in Scandinavia after ban of antimicrobial growth promoters" .Animal. *Biotechnology.* **17** (2): 147-56.

Boyle-Vavra, S., Daum, R.S. (2007). "*Staphylococcus aureus* resistente à meticilina adquirido na comunidade: o papel da leucocidina Panton-Valentine". *Lab. Invest.*87 (1): 3-9.

Bozdogan, B. U., Esel, D., Whitener, C., Browne, F. A., Appelbaum, P. C. (2003). "Antibacterial susceptibility of a vancomycin-resistant Staphylococcus aureus strain isolated at the Hershey Medical Center". *Journal of Antimicrobial Chemotherapy.***52** (5): 864-868.

Byarugaba, D. K. (2004). Uma visão da resistência antimicrobiana nos países em desenvolvimento e dos factores de risco responsáveis. Revista Internacional de Agentes Antimicrobianos 24: 105-110.

Byarugaba, D. K. (2005). Antimicrobial resistance and its containment in developing countries (Resistência antimicrobiana e sua contenção nos países em desenvolvimento). *Nova Iorque: Springer.*

Caldwell, Roy. Lindberg, David. (2011). Compreender a evolução (as mutações são aleatórias). Museu de Paleontologia da Universidade da Califórnia.

Casey, J. R., Pichichero, M. E. (2005).Metaanalysis of Short Course Antibiotic Treatment for Group A *Streptococcal Tonsillopharyngitis.* **24** (10). pp. 909-917.

Castanon, J.I. (2007). História da utilização de antibióticos como factores de crescimento nos alimentos para aves de capoeira na Europa. *Poultry Science.86* (11): 2466-71.

Centros de Controlo e Prevenção de Doenças (2005). Doença estreptocócica do grupo A (GAS) (estreptococo, fasceíte necrotizante, impetigo). Perguntas mais frequentes. Centros de Controlo e Prevenção de Doenças. Arquivado do original em 19 de dezembro de 2007. Recuperado em 2007-12-11.

Centros de Controlo e Prevenção de Doenças (2009).Antibiotic Resistance Questions & Answers. Os produtos que contêm antibacterianos (sabonetes, produtos de limpeza doméstica, etc.) são melhores para prevenir a propagação de infecções? A sua utilização contribui para o problema da resistência?) Atlanta, Geórgia, EUA.

Centros de Controlo e Prevenção de Doenças (2013). "Perguntas *e* respostas sobre resistência a antibióticos". *Fique esperto: Saiba quando os antibióticos funcionam.*

Centros de Controlo e Prevenção de Doenças (CDC) (2004). Infecções *por Acinetobacter baumannii* entre pacientes de instalações médicas militares que tratam de membros feridos do serviço dos EUA, 2002-2004". *MMWR Morb. Mortal. Wkly. Rep.* (Centros de Controlo e Prevenção de Doenças (CDC)) **53**

(45): 1063-6.

Chambers, H.F., e Deleo, F.R. (2009). Ondas de resistência: *Staphylococcus aureus* na

era dos antibióticos. *Nat. Rev. Microbiology.* 7:629-641.

Conly, J. e Johnston, B. (2005). Onde estão todos os novos antibióticos? O novo

paradoxo dos antibióticos. Canada Journal of Infectious Diseases and Medical

Microbiology. **16,** 159-160

Costelloe, Ceire, Metcalfe, Chris, Lovering, Andrew, Mant, David, Hay, Alastair. D.

(2010). Effect of antibiotic prescribing in primary care on antimicrobial

resistance in individual patients: systematic review and meta-analysis" [Efeito

da prescrição de antibióticos nos cuidados primários na resistência

antimicrobiana em pacientes individuais: revisão sistemática e meta-análise].

Biomedical Journal (BMJ) **340:** 2096.

Davies, J.M., Barnes, R., Milligan, D. (2002). Comité Britânico para os Padrões em

Hematologia. Grupo de Trabalho do Grupo de Trabalho de

Hematologia/Oncologia. Atualização das diretrizes para a prevenção e

tratamento de infecções em doentes com baço ausente ou disfuncional.

Clinical Medicine. 2(5):440-3.

Dolgin, E. (2010). A sequenciação de superbactérias é vista como a chave para

combater a sua propagação. Nat. Med. 16, 1054

Farmer, P.E., Bruce,Nizeye, SaraStulac, e Salmaan, Keshavjee. (2006). Violência

estrutural e medicina clínica.PLoS Medicine, 1686-1691.

Ferber, Dan. (2002). A proibição da alimentação do gado preserva o poder das drogas. *Science.* **295** (5552): 27-28.

Food and Drug Administration (2012). Estratégia da Food and Drug Adminisration sobre a resistência antimicrobiana.

Forbes, B.A., Sahm, D.F., Weissfeld, A.S. (1998). Bailey and Scott's Diagnostic Microbiology, 10th *edilion.MosbvInternational, St. Louis Missouri, USA.*

Gandhi, R.R., Keller, M.S., Schwab, C.W., Stafford, P.W. (1999). Lesão esplénica pediátrica: caminho para jogar? *Journal of Pediatics Surgery.* **34** (l):55-8; discussão 58-9.

Gardiner, Harris. (2012). "EUA endurecem regras sobre o uso de antibióticos para gado". *The New York Times.*

Gerding, D.N., Johnson, S., Peterson, L.R., Mulligan, M.E., Silva, J. Jr. (1995). "Diarreia e colite associadas ao *Clostridium* difficile" (PDF). *Controlo Infecioso Hosital. Epidemiologia.* **16** (8): 459-477.

Giguere, S. (2006). Ação e Interação de Medicamentos Antimicrobianos: An Introduction. Antimicrobial therapy in Veterinary Medicine 4th edn , S *Giguere, J.F Prescott, J.D*

Girou, E., Legrand, P., Soing-Altrach,   S., Lemire,   Astrid, Poulain, Celine, Allaire,   Alexandra, Tkoub-Scheirlinck, Latifa. (2006). "Associação entre o cumprimento da higiene das mãos e a prevalência de

Staphylococcus aureus resistente à meticilina num hospital de reabilitação francês".*Infectious Control on Hospital Epidemiology.***27** (10): 1128- 30.

Gleisner, Ana. L., Argenta, Rodrigo, Pimentel, Marcelo, Simon, Tatiana. K.Jungblut, Carlos. F., Petteffi, Leonardo, de Souza, Rafael. M., Sauerssig, Mauricio, Kruel, Cleber. D.P., Machado, Adao.R.L. (2004). "Complicações infecciosas de acordo com a duração do tratamento antibiótico no abdómen agudo".*International Journal of Infectious Diseases* **8** (3): 155-162.

Hawkey, P.M., Jones, A.M. (2009). "The changing epidemiology of resistance". The *Journal of antimicrobial chemotherapy (Jornal de quimioterapia antimicrobiana).* 64 Suppl 1: i3-10.

Hersom, Matt. (2013) "Application of Ionophores in Cattle Diets "*AN285 Department of Animal* Sciences.University of Florida IF AS Extension.

Hidron, A.L, Edwards, J.R., Patel, J., Horan, Teresa. C., Sievert, Dawn. M., Pollock, Daniel. A., Fridkin, Scott. K. (2008). "Atualização anual do NHSN: agentes patogénicos resistentes aos antimicrobianos associados a infecções associadas aos cuidados de saúde: resumo anual dos dados comunicados à Rede Nacional de Segurança dos Cuidados de Saúde dos Centros de Controlo e Prevenção de Doenças, 2006-2007". *Infectious Control Hospital Epidemioogyl29* (11): 996-1011.

http://hicsigwiki.asid.net.au/images

Jennifer, M.A. (2001). Determinação das concentrações inibitórias mínimas.

Departamento de Microbiologia, City Hospital NHS Trust, Birminghan B187QH, Reino Unido. Journal of Antimicrobial ChemotherapyA$,Suppl. SI, 516

João, Gever. (2012). A Food and Drug Administration disse para avançar no uso de antibióticos no gado. *MedPage Today.*

Johnson, S., Samore, M.H., Farrow, K.A., Killgore, George. E., Tenover, Fred. C., Lyras, Dena, Rood, Julian. L, Degirolami, Paola. (1999). "Epidemias de diarreia causadas por uma estirpe de *Clostridium difficile* resistente à clindamicina em quatro hospitais". *New England Journal of Medicine* **.341** (23): 1645-1651.

Kardas, P. (2007). "Comparação da adesão dos doentes a regimes de antibióticos uma vez por dia e duas vezes por dia em infecções do trato respiratório: resultados de

J ensaio aleatório". *Journal of Antimicrobial. Chemotherapy.* **59** (3): 531-6.

Keren, R., Chan, E. (2002). "Uma meta-análise de ensaios aleatórios e controlados comparando a terapia antibiótica de curto e longo curso para infecções do trato urinário em crianças". *Pediatrics* **109** (5): e70-e70.

Klein, E. (2007). Hospitalizações e mortes causadas por *Staphylococcusaureus* resistente à meticilina, Estados Unidos, 1999-2005. *Doenças Infecciosas Emergentes.* **13,** 1840-1846.

Kowser, M.M. e Fatema, N. (2009). Determinação da CIM e da CBM de cápsulas de azitromicina selecionadas disponíveis comercialmente no Bangladesh. *Jornal Médico ORION*. 32(1):619-620.

Krause, R.M. (1992). A origem das pragas: antigas e novas. *Science*. **257**: 1073-1078.

Kuijper, E.J., van Dissel, J., Wilcox, M.H. (2007). *Clostridium difficile'.* epidemiologia em mudança e novas opções de tratamento. *Opinião Atual em Doenças Infecciosas.20* (4): 376-83.

Larsson, D.G., Fick, J. (2009). "Transparência em toda a cadeia de produção - uma forma de reduzir a poluição resultante do fabrico de produtos farmacêuticos? *Regulamento de Farmacologia Toxicológica*. **53** (3): 161-3.

Leith, J., Piliero, P., Storfer, S., Mayers, D., Hinzmann, R. (2005). Utilização adequada da nevirapina para uma terapia a longo prazo. *Jornal of Infectious Diseases*. 192(3):545-546.

Levine, A.M., DiBona, J.R. (2002). Fluoroquinolones. *Journal of America AcadOrthop Surgery*. **10** (1):1-4.

Levy, S.B. (1992). O Paradoxo dos Antibióticos. Como as Drogas Milagrosas estão a destruir o Milagre. Plenum Publishing. Nova Iorque.

Li, J.Z., Winston, L.G., Moore, D.H., Bent, S. (2007). "Eficácia dos regimes antibióticos de curta duração para pneumonia adquirida na comunidade: uma meta-análise". *America Journal of Medine*. **120** (9): 783-90.

Loo, V., Poirier, L., Miller, M., Oughton, Matthew, Libman, Michael. D., Michaud, Sophie, Bourgault, Anne-Marie, Nguyen, Tuyen. (2005). "Um surto multi-institucional predominantemente clonal de diarreia associada ao Clostridium difficile com alta morbidade e mortalidade". *New England Journal of Medicine.* **353** (23): 2442-9.

Marc Bonten, M.D., Eijkman-Winkler. (2013). Instituto de Microbiologia Médica, Doenças Infecciosas e Inflamação; Utrecht, Países Baixos.

Marcotte, A.L., Trzeciak, M.A. (2008). *Staphylococcus aureus* resistente à meticilina adquirido na comunidade", um agente patogénico emergente em ortopedia. *Jornal da América Cirurgia Ortopédica Académica.* **16** (2):98-106.

Maree, C.L., Daum, R.S., Boyle-Vavra, S., Matayoshi, K., Miller, L.G. (2007). "Isolados *de Staphylococcus aureus* resistentes à meticilina associados à comunidade e isolados *de Staphylococcus aureus* associados aos cuidados de saúde Infecções". *Emerging Infectious DiseasesA.3* (2): 236-42.

Martinez, J. L., Olivares, J. (2012). Poluição ambiental por genes de resistência a antibióticos. Em P. L. Keen, & M. H. Montforts, Resistência antimicrobiana no meio ambiente. Pp.151- 171.

Mathew, A.G., Cissell, R., Liamthong, S. (2007). "Resistência aos antibióticos em bactérias associadas a animais destinados à alimentação: uma perspetiva da produção animal nos Estados Unidos". *Foodborne Pathogen Diseases.***4** (2): 115-

33.

McCormack, J., Allan, G.M. (2012). "Uma receita para melhorar a prescrição de antibióticos no primário   *BMJ.BMJournal (*   *Clinicalresearch edição.)344:* d7955.

McDonald, L. (2005). *Clostridium difficile',* respondendo a uma nova ameaça de um velho inimigo (PDF). *Controlo Infecioso e Epidemiologia Hospitalar.***26** (8): 672-5

McNulty, C.A., Boyle, P., Nichols, T., Clappison, P., Davey, P. (2007). The public's attitudes to and compliance with antibiotics. *Journal Antimicrobial. Chemotherapy.* 60 Suppl 1: i63-8.

Mirochnick, M., Capparelli, E. (2004). Farmacocinética dos anti-retrovirais em mulheres grávidas. *Farmacocinética* clínica. 43(15): 1071-1087.

Muto, C.A., Jernigan, J.A., Ostrowsky, B.E., Richet, H.M., Jarvis, W.R., Boyce, J.M., Farr, B.M. (2003). "SHEA guideline for preventing nosocomial transmission of multidrug-resistant strains of Staphylococcus aureus and enterococcus".*Infectious Control and Hospital Epidemiology.* **24** (5): 362-86.

Nadia, S.D. (2005). Antimicrobial Activity of Antibiotics and Garlic on Multidrug Resistant Bacterial Isolated From Bum Wound Infection. *Departamento de Microbiologia da Universidade de Dhaka\P-2*

Nellen J.F., Schillevoort I, Wit FW., Nelfinavir (2004). As concentrações plasmáticas são baixas durante a gravidez. *Doenças Infecciosas Clínicas.* 39(5):736-740.

Nelson, J.M., Chiller, T.M., Powers, J.H., Angulo, F.J. (2007). Espécies de Campylobacter resistentes às fluoroquinolonas e a retirada das fluoroquinolonas da utilização em aves de capoeira: uma história de sucesso no domínio da saúde pública" (PDF).*Clinical Infectious Disease.* **44** (7): 977-80.

Nelson, Richard William. (2009). *Darwin, Then and Now: The Most Amazing Story in the History of Science* (Publicação própria). Universo, p. 294

Olson, M.E., Garvin, K.L., Fey, P.D., Rupp, M.E. (2006). A adesão de *Staphylococcus epidermidis* a biomateriais é aumentada por PIA. *Clinical OrthopRelat Res.* 451:21-4.

Pechere, J.C. (2001). "Entrevistas de pacientes e uso indevido de antibióticos". *Clinical. Infecciosas. Infecciosas.* 33 Suppl 3: SI70-3.

Pechere, J.C., Hughes, D., Kardas, P., Comaglia, G. (2007). Não cumprimento da terapêutica antibiótica nas infecções agudas da comunidade: um inquérito global. *International Journal of Antimicrobial Agents.* **29** (3): 245-53.

Perez-Gorricho, B., Ripoll, M. (2003). "Será que a terapêutica antibiótica de curta duração satisfaz melhor as expectativas dos doentes?". *International Journal of Antimicrobial Agents* **21** (3): 222-228.

Pierce, J. G., James, R. C., Okano, A., Boger, D.L. (2011). "Uma Vancomicina Redesenhada Projetada para Ligação Dupla d-Ala-d-Ala e d-Ala-d-Lac Exibe

Potente Atividade Antimicrobiana Contra Bactérias Resistentes à Vancomicina". *Journal of America. Chemistry Society,* **133** (35): 13946-9.

Poole, K. (2004). "Multiresistência mediada por efluxo em bactérias Gram-negativas". *Microbiologia Clínica e Infeção!^* (1): 12-26.

Rachakonda, S., Cartee, L.(2004). Challenges in antimicrobial drug discovery and the potential of nucleoside antibiotics, *Current Medicine Chemistry.* 11:775-793

Richard, William Nelson, Darwin   (2009). *Then and Now: The Most Amazing Story in the History of Science,* iUniverse, p. 294

Roger, F.G., Greenwood, D., Norbby, S.R., Whitley, R.J. (2003). Antibiotic and Chemotherapy, The problem of resistance, *8th edition Churchill Livingstone.* **p.** 25 - 47.

Ronald Eccles, Olaf Weber, (2009).*Constipação* comum (Online-Ausg. ed.). Basileia: Birkhauser. p.240.ISBN 978-3-7643-9894-1

Ronald, Eccles e Olaf, Weber. (2009). *Constipação comum* (Online-Ausg. ed.). Basileia: Birkhauser, p. 234. ISBN 978-3-7643-9894-1

Sapkota, A.R.,Lefferts, L.Y., McKenzie, S., Walker, P. (2007). "What Do We Feed to Food-Production Animals? A Review of Animal Feed Ingredients and Their Potential Impacts on Human Health".*Environment Health Perspect.115* (5): 663-70.

Samer, L., Fakoya, A. (2002). Acidose láctica e pancreatite de início agudo no terceiro trimestre de gravidez em mulheres HIV-1 positivas a tomar medicação antirretroviral. *Sex Transmitting Infection.* 78(l):58-59.

Schneider, K., Garrett, L. (2009). "Uso não terapêutico de antibióticos na agricultura animal, taxas de resistência correspondentes e o que pode ser feito a respeito". *Centro para o Desenvolvimento Global.*

Smibert, M., Kriegn, R. (1981). Sistemática: caraterização geral. Em Manual of Methods for General Bacteriology, Washington, DC: Sociedade Americana de Microbiologia, pp. 409-443.

Sosa, A. (2009). Antimicrobial Resistance in Developing Countries (Resistência antimicrobiana nos países em desenvolvimento), Springer Science Business Media.

Spellberg, B. (2007) Custos sociais versus poupanças da legislação de extensão de patentes "wild-card" para estimular o desenvolvimento de antibióticos extremamente necessários. Infection. **35,** 167-174.

Spellberg, B. (2008). The epidemic of antibiotic-resistant infections: a call to action for the medical community from the Infectious Diseases Society of America Clinical Infectious Disease. **46,** 155-164

Stek, A.M., Mirochnick, M., Capparelli, E. (2006). Redução da exposição ao lopinavir durante a gravidez. *Aids.* **20(** 15): 1931 -1939.

Stuart, B.L. (2002). Fator que tem impacto no problema da resistência aos antibióticos. Centro de Adaptação Genética e Resistência aos Medicamentos, *Universidade de Tufts*

School of Medicine, Boston. MA02111, EUA. Jornal de Quimioterapia

Antimicrobiana. **49,** 25-30

Swoboda, S.M., Earsing, K., Strauss, K., Lane, S., Lipsett, P.A. (2004). A monitorização eletrónica e os comandos de voz melhoram a higiene das mãos e diminuem as infecções nosocomiais numa unidade de cuidados intermédios. *Crit. Care Medicine.* **32** (2): 358-63.

Tacconelli, E.; De Angelis, G.; Cataldo, M.A.; Pozzi, E.; Cauda, R. (2008). "A exposição a antibióticos aumenta o risco de isolamento de Staphylococcus aureus resistente à meticilina (MRSA)? Uma revisão sistemática e meta-análise". *Journal of Antimicrobial. Chemotherapy.6!* (1): 26-38.

Thomas, J.K., Forrest, A., Bhavnani, S.M., Hyatt, J.M., Cheng, A.,Ballow, C.H.,Schentag, J.J. (1998). "Avaliação farmacodinâmica de factores associados ao desenvolvimento de resistência bacteriana em doentes agudos durante a terapia". *Antimicrobial Agents of Chemotherapy.#!* (3): 521-7.

Tripathi, K.D. (2003). Essentials of Medical Pharmacology, Antimicrobial Drugs: Considerações Gerais, *5ª edição. Jaypee brother's Medical publishers* (P) Ltd. P.627-640.

Tsiodras, Sotirios, Gold, Howard. S., Sakoulas, George, Eliopoulos, George. M., Wennersten, Christine; Venkataraman, Lata;

Moellering, Robert. C., Ferraro, Mary. Jane. (NaN undefined NaN). "Resistência à linezolida *NUM* isolado clínico de *Staphylococcus aureus". The Lancet* .**358** (9277): 207-208.

UCS[2001] Hogging It: Estimates of Antimicrobial Abuse in Livestock"".Union of Concerned Scientists.

Projeto de lei da Câmara dos EUA H.R. 962: "Lei de Preservação de Antibióticos para Tratamento Médico de 2007".

Projeto de lei do Senado dos EUA S. 549: Lei sobre a preservação de antibióticos para tratamento médico de 2007".

Vonberg, Dr. Ralf-Peter. (2009). *Clostridium difficile',* um desafio para os hospitais. *Centro Europeu de Prevenção e Controlo das Doenças.* Instituto de Microbiologia Médica e Epidemiologia Hospitalar:

Walsh, C. (2000). Mecanismos moleculares que conferem resistência a medicamentos antibacterianos. Nature. **406,** 775-781

Wayne, W. Umbreit. (1970).Advances *in Applied Microbiology,* vol. 11, Academic Press, p. 80

Organização Mundial de Saúde (2002): "Use of antimicrobials outside human medicine and resultant antimicrobial resistance in humans

Wright, G.D. (2005). Bacterial resistance to antibiotics: enzymatic degradation and modification, *Advance Drug Deliv. Rev.* **57,** 14511470.

Wright, G.D. (2010). "Antibiotic resistance in the environment: a link to the clinic" [Resistência aos antibióticos no ambiente: uma ligação à clínica]. *Opinião Atual em Microbiologia.13* (5): 589-94

Yoneyama, H., Katsumata, R. (2006). Antibiotic resistance in bacteria and its future

for novel antibiotic development, *Bioscience Biotechnology Biochemistry'll,*

1060-1075.

More
Books!

info@omniscriptum.com
www.omniscriptum.com
OMNIScriptum

Printed by Books on Demand GmbH, Norderstedt / Germany